广东外语外贸大学引进人才科研启动项目——"'都市乡愁'视域下岭南工业遗产非物质形态活化研究"（299-X5220008）

粤港澳大湾区历史文化遗产活化研究中心（299-GK19G192）研究成果

"都市乡愁"视域下
岭南工业遗产保护与活化研究

杜 鹏　王倩倩　著

民族出版社

图书在版编目（CIP）数据

"都市乡愁"视域下岭南工业遗产保护与活化研究 /
杜鹏，王倩倩著 . — 北京：民族出版社，2023.9
ISBN 978-7-105-17087-6

Ⅰ . ①都… Ⅱ . ①杜… ②王… Ⅲ . ①岭南—工业建
筑—文化遗产—保护—研究 Ⅳ . ① TU27

中国国家版本馆 CIP 数据核字 (2023) 第 190874 号

"都市乡愁"视域下岭南工业遗产保护与活化研究

责任编辑：张海燕
封面设计：金　晖
出版发行：民族出版社
地　　址：北京市东城区和平里北街 14 号
邮　　编：100013
电　　话：010–64228001（汉文编辑二室）
　　　　　010–64224782（发行部）
网　　址：http://www.mzpub.com
印　　刷：北京中石油彩色印刷有限责任公司
经　　销：各地新华书店
版　　次：2023 年 11 月第 1 版　2023 年 11 月北京第 1 次印刷
开　　本：787 毫米 ×1092 毫米　1/16
字　　数：249 千字
印　　张：14.5
定　　价：75.00 元
书　　号：ISBN 978-7-105-17087-6/T·82（汉 35）

该书若有印装质量问题，请与本社发行部联系退换。

目　录

第一章 绪 论

第一节 研究背景

一、学术概念与历史进程

工业遗存"遗产化"的逻辑起点是客观的工业遗迹（包括物质和非物质），过程则经历了"考古时期"和"价值阐释与认同时期"；1955 年，英国 Michael Rix 首次使用"工业考古（industrial archaeology）"一词来描述针对工业革命产品和技术遗迹的考察行为，1978 年国际工业遗产保护委员会（TICCIH）成立以后，工业遗产的概念得以展开；2003 年，TICCIH《下塔吉尔宪章》明确定义了工业遗产的概念。

（一）起步阶段

20 世纪 50 年代，学术界开始出现工业遗产方面的文章。最早涉及工业遗产的文章来自美国，文章提出国家应设置机构、建立相关章程来保护工业活动的遗迹。此后英国成立了工业考古委员会，设立了工业遗迹普查署。美国对工业建筑的清查和研究从 1965 年就开始了，并在 1969 年建立国家历史工程档案。

1960—1970 年，整个世界的工业遗产研究都处于起步阶段，多数学者的研究内容与方向还是仅限于对旧工业建筑的保护研究，西方国家城市更新运动在 20 世纪 70 年代以后得到了进一步发展，工业遗产研究的关注点逐渐延伸到城市中心已被废弃的厂房和仓库等内容。

（二）发展阶段

20世纪70年代到90年代，国际工业遗产委员会的成立很大程度上推动了工业遗产保护和研究的发展，同时在西方各国也提倡开展各种保护活动。各国也相继出现了工业考古学会等组织，并出台了相应的保护性法规。

1978年，世界遗产中首次出现工业遗产；之后，世界遗产中工业遗产的数量和比例也在逐年增加。这时的工业遗产大多分布在欧洲以及美洲早期殖民地国家。在这一时期，工业遗产的保护和再利用研究与日俱增并逐渐完善，取得了很大成就，成功案例比比皆是。

（三）完善阶段

21世纪以来，工业遗产的保护进入了完善阶段。2003年7月，国际工业遗产保护委员会在俄罗斯下塔吉尔召开，会议通过的《下塔吉尔宪章》将国际工业遗产保护工作推向了高潮。在新的历史时期出于对城市整体产业结构的调整和城市发展总体策略的考虑，对城市整体经济发展有重要影响的工业遗产的保护和再利用，紧密联系工业遗产再利用和文化创意产业，使其相互利用、相互促进。结合工业遗产的研究和城市发展的方向，完善工业遗产的研究理论和结构框架，呈现多元化和多学科相交叉的研究发展方向，同时还要重视区域的可持续发展。

二、关于工业遗产的研究现状与研究方向

（一）研究现状

英国工业革命开启了西方工业革命的序幕，而中国则是从清末"洋务运动"开始了工业化的艰难探索。中国的工业化进程虽然已百年，但是我国在关注和研究工业遗产理论与实践上却一直处于相对薄弱的境地，这里面有理念和意识的问题，也有法律法规不健全的问题。全国重点文物保护单位从1961年第一批到2006年的第六批，共计2352处，与工业遗产相关的有140余处；目前，国内学界对工业遗产的研究基于不同的实用类学科领域，有工

业遗产建筑、产业遗产、工业遗存地段等多种阐释方式和概念表述。2006 年国家文物局通过了在中国工业遗产保护历史上具有里程碑意义的《无锡建议》;2006 年 5 月国家文物局下发了《关于加强工业遗产保护的通知》,在国家层面拉开了中国工业遗产保护的序幕;2015 年,"中国制造 2025"颁布之后,关于工业文化的研究逐渐引起更为广泛的重视;2017 年 1 月工业和信息化部、财政部发布了《关于推进工业文化发展的指导意见》,从政策上进一步明确了我国在工业文化遗产保护上的重要作用。

在理论研究上,东南大学王建国教授 2001 年论文《关于产业类历史建筑和地段的保护性再利用》首次提出产业类建筑"保护性改造的概念"[①]。2006 年又发表了《后工业时代中国产业类历史建筑保护性再利用》,对目前国内大量产业类历史建筑留存的策略和方式作了积极探讨。[②] 张伶伶、夏柏树在《东北地区老工业基地改造的发展策略》一文中提出"新城市—工业"社区理论;[③] 俞孔坚、方婉丽在《中国工业遗产初探》中梳理了中国近现代工业发展历程,甄别了潜在的工业遗产;[④] 庄简狄在《旧工业建筑再利用若干问题研究》一文中从可持续发展角度讨论再利用的途径;[⑤] 王建强、戎俊强在《城市产业类历史建筑及地段的改造再利用》一文中系统阐述了再开发利用的方式和改造设计的技术措施;[⑥] 王向荣、任京燕在《从工业废弃地到绿色公园——景观设计与工业废弃地的更新》中论述了后工业景观设计中蕴含的涉及美学、艺术、生态及其他相关人文科学的丰富设计思想,探讨了设计中运用的独特手法;[⑦] 李蕾蕾在《逆工业化与工业遗产旅游开发:德国鲁尔区的实践过程与开发模式》中总结了工业旅游的三种开发模式;[⑧] 单霁翔在《关注新型文化遗产——工业遗产的保护》中阐述了工业遗产的普查与认定、立法与保护规划

① 王建国、戎俊强:《关于产业类历史建筑和地段的保护性再利用》,载《时代建筑》,2001(4)。
② 王建国、蒋楠:《后工业时代中国产业类历史建筑保护性再利用》,载《建筑学报》,2006(8)。
③ 张玲玲、夏柏树:《东北地区老工业基地改造的发展策略》,载《工业建筑》,2005(3)。
④ 俞孔坚、方婉丽:《中国工业遗产初探》,载《建筑学报》,2006,(8)。
⑤ 庄简狄:《旧工业建筑再利用若干问题研究》,清华大学建筑学院硕士论文,2004。
⑥ 王建强、戎俊强:《城市产业类历史建筑及地段的改造再利用》,载《世界建筑》,2001(6)。
⑦ 王向荣、任京燕:《从工业废弃地到绿色公园——景观设计与工业废弃地的更新》,载《中国园林》,2003,(3)。
⑧ 李蕾蕾:《逆工业化与工业遗产旅游开发:德国鲁尔区的实践过程与开发模式》,载《世界地理研究》,2002,(3)。

等方面的内容，① 这些研究为建立中国工业遗产研究的理论体系奠定了基础。

（二）研究方向

1. 形态类型研究

工业遗产是文化遗产的重要组成部分，在形态上涉及遗址（site）、纪念碑（monument）、景观建筑（landscape architecture）、路线遗产（route heritage）、运河（cannel）、历史城镇（historic town）／中心（center）等文化遗产主要类型，其丰富性是其他遗产所无法比拟的。国内对工业遗产的类型划分包括：按形成时间划分：18 世纪 60 年代至 19 世纪 70 年代为第一阶段，19 世纪 70 年代至 20 世纪 50 年代为第二阶段，之后为第三阶段；按形态划分：物质形态工业遗产和非物质形态工业遗产；按重要性划分：工业文化遗产、工业遗迹、工业遗留三种形式。

2. 活化利用研究

工业遗产活化方式，根据其使用功能可以分为：功能延续、功能置换、闲置三种。从我国工业遗产活化实践的现状来看，再生利用模式相对单一，主要以"艺术街区""创意产业园"等形式进行改造的比较多，例如北京 798 创意工厂、上海一系列工厂、库房的改造等（参见图 1-1、图 1-2）。欧洲工业遗产改造的代表国家是英国和德国，他们在工业遗产保护与改造中，重点保护工业革命早期的工业遗存，既注重工业遗产中建筑、机器等物质遗产的整体保护，还注重工业遗产中企业精神和价值观等非物质遗产内容的保护，比如管理制度、工艺流程、工业景观、"劳动光荣"的价值观，等等。欧洲工业遗产保护不仅保留了大量工业遗存，形成了诸如铁桥峡谷和德文特河谷等"工业遗址地"和"工业遗产廊道"（参见图 1-3）；还利用工业建筑建立了大量工业主题博物馆，如英国曼彻斯特科学与工业博物馆等；德国将遗产资源保护与建筑改造、景观设计相结合，形成了富有特色的"产业景观"，展现了工业遗产保护的丰富多样性，如北杜伊斯堡景观公园等（参见图 1-4）。

---

① 单霁翔：《关注新型文化遗产——工业遗产的保护》，载《中国文化遗产》，2006,(4)。

图 1-1 北京 798 创意广场建筑

图 1-2 上海莫干山路 50 号一角

图 1-3　英国铁桥峡谷

图 1-4　德国北杜伊斯堡景观公园儿童滑梯

三、现有研究的不足

（一）工业遗产的非物质性遗存研究不足

目前的研究视角多偏重于场地、构筑物或设备等物质性实体层面，忽视了如工业建筑的发展资料、生产工艺流程、手工技能、图文资料、原料配方以及精神记忆等非物质性层面的研究，物质与非物质的分离，割裂了与当地城市、社区、居民的关联，围绕工业遗产的空间再生产、文化再生产的研究相对不足，影响了工业遗产价值链的完整性。

（二）工业遗产评价机制的研究不足

就现有的研究成果来看，评价方法是静态的，未对时间进行定义，缺乏对历史发展性和城市更新等重要特征的考虑，未能量化各指标权重，难以充分和有效地对工业遗产的改造效果进行评价。

（三）工业遗产活化与实践趋向"范式化"

"活化"理论研究的缺失，导致城市工业遗产再利用的"单一性"和"同质化"蔓延，进而形成工业遗产保护与利用"千城一面"的尴尬局面；更多的是在未能认清工业遗产价值的情况下，或大肆拆除，或盲目开发，或"自发利用"，忽视城市工业遗产活化与城市之间的内在互动关联性，成为独立于城市功能与空间而存在的"创可贴"。

表 1-1　国内外城市工业遗产的实践研究案例

功能转化	国外	国内
公共开放空间模式	美国西雅图煤气厂公园；德国北杜伊斯堡公园；德国国际建筑展埃姆舍公园	中山岐江公园；上海世博会后滩公园；黄石国家矿山公园；唐山南湖公园；抚顺海洲露天矿国家矿山公园
博物馆与会展中心	德国佛尔克林根炼铁厂；德国埃森的关税同盟煤矿；德国多特蒙德的措伦Ⅱ号、Ⅳ号煤矿	福州马尾船厂；江南造船厂；上海钢铁十厂；沈阳铸造博物馆

功能转化	国外	国内
文化设施	瑞士温特图尔苏尔泽工业区；英国索福克郡斯内普音乐厅	北京远洋艺术中心
创意产业园	英国曼彻斯特科技园区；加拿大温哥华格兰威尔岛；美国纽约苏荷街区；英国伦敦的东区；德国柏林奥古斯特大街	北京"798"工厂；西安建筑科技大学华清学院；上海八号桥；上海半岛"1919"创意园；深圳华侨城创意文化园；南京晨光"1865"创意产业园；上海春明艺术创意产业园（M50）；上海田子坊创意产业园
居住	奥地利维也纳煤气厂四座煤气塔；英国伦敦新肯考迪亚公寓	天津万科水晶城（原天津玻璃厂）
商业	美国旧金山吉拉德里广场；德国奥伯豪森的中心购物区；美国旧金山渔人码头	上海国际时尚中心
综合功能	德国鲁尔工业区	沈阳铁西区工业建筑遗产改造

第二节　研究意义

一、理论意义

城市更新是一种将城市中已经不适应现代化城市社会生活的地区做必要的、有计划的改建活动，以全新的城市功能替换功能性衰败的物质空间，使之重新发展和繁荣；它不但包括对客观存在实体的改造，也是对各种生态环境、空间环境、文化环境、视觉环境、游憩环境等的改造与延续，包括邻里的社会网络结构、心理定式、情感依恋等软件的延续与更新。在城市更新策略的背景下，城市中的建筑更新与历史遗产的保护必然存在着冲突与矛盾，如何在持续发展和文物保护之间取得平衡，建构一套相对科学完善的理论系统，为岭南工业遗产建筑的文化符号及其空间建设提供新思维、新方法，对岭南工业遗产建筑文化保护与开发具有"整合"与"带动"作用,这是工业遗产保护研究者应该深入探讨的问题。

工业遗产中包含着"有形文化"的物质性遗产和"无形文化"的非物质性遗产,相比而言,"无形文化"中的非物质内容,更能体现工业遗产的特殊文化价值。因此,在资本再生的时代下,我国的工业遗产正由单一的"原真性"保护向"解释性"的活化利用转型,从视觉静态方式向整体、综合的保护利用方式转变,强调其文化与社会价值的延展;本书将探索建立起工业遗产物质与非物质形态的本体,进一步拓展工业遗产保护与传承研究的广度和深度,以助于理论研究的丰富和完善,为工业遗产的可持续发展提供政策建议。

二、现实意义

近年来学界引入了"都市乡愁"的概念,其背景在于国企改制、产业升级、城市更新所引发的人们对城市历史、产业历史的集体记忆和心理焦虑;情感与心理的波澜起伏是一代甚至多代产业工人对工业遗产作为记忆符号的强烈留恋,它们承载着一个城市的产业历史和几代人曾经的青春和无悔的付出,是一个城市文化的记忆符号。

"都市乡愁"是一种情感记忆的回归,是构成城市文化的情感基因,是传承历史文脉、延续城市灵魂与文明的情感桥梁。在都市乡愁视野下,对工业遗产中的企业精神、工业节庆、工业风俗、生产技能、工艺流程、厂史厂志、标语口号等非物质要素活化进行研究,探析都市乡愁背景下的工业遗产非物质要素活化路径,研究工业遗产的空间再生产、文化再生产的设计方法,用新型设计元素传承和串联历史记忆的碎片,以更多的机会融入都市乡愁意识,丰富人们的多层次体验,尝试构建一种可持续的社区生活方式;工业遗产的非物质性再生的可能性给那些本来缺少价值的工业遗产带来了新的经济生机与空间消费方式,也给资源枯竭型城市和乡村工业带来新契机。

第三节　研究思路

一、构建保护策略体系

通过研究岭南的政治、经济、文化与工业发展历史，依据遗留的工业遗产建筑状况及其历史发展轨迹，制定保护与利用的具体策略，并对其非物质文化的内涵进行深入研究，传承其精神文化的内核，为政府建立健全科学完善的工业遗产保护的法制提供学术支持。

二、从"活化转译"中寻找城市复兴

"活"的城市形态记录着历史进程中的变迁，工业遗产建筑是多数城市应赖以寻找且珍视的符号，文化遗产是我们实现这些目标的最好指路牌，而对其进行"复活性"的"转译"，把非物质形态转译为具有视觉符号意义的物质性记忆形态，以期活化其功能，使其在新的城市更新中延展历史、文化、经济、艺术价值，这是实现工业遗产保护与利用的重要路径。

三、"集体记忆"与"生产记忆"的建构策略

城市文化营造的最终目的是要提升地方居民的认同感和本土意识，"集体记忆"可以让同一社会区域的居民更能产生社会意识、团结力量和文化归属感；"生产记忆"是通过语言、图片、影像、标志性建筑等的记忆维系与再现所引发的集体记忆，能够唤醒人们的历史记忆与地域文化认同，对于传承城市文化、提升城市的历史文化格局具有重要意义。

第二章 工业遗产界定与历史进程

第一节 工业遗产的概念与类型

一、工业遗产的概念

在国际工业遗产保护委员会 2003 年 7 月通过的保护工业遗产的《下塔吉尔宪章》中，工业遗产的定义是："凡为工业活动所造建筑与结构，此类建筑与结构中所含工艺和工具以及这类建筑与结构所处城镇与景观，以及其他所有物质和非物质表现，均具备至关重要的意义。""工业遗产包括具有历史、技术、社会、建筑或科学价值的工业文化遗迹，包括建筑和机械，厂房，生产作坊和工厂，矿场以及加工提炼遗址，仓库货栈，生产、转换和使用的场所，交通运输及其基础设施，以及用于住所、宗教崇拜或教育等和工业相关的社会活动场所。"[①]

工业遗产的内涵在 2011 年以后得到了极大地扩充。在《都柏林准则》中，工业遗产的范畴不但包括了可移动遗产，更强调了"过程"概念。同时，也强调企业历史档案的保护与解读，包括了遗址、建筑/构筑物、复合体、区域和景观，以及相关的设备、机械、物件或档案，作为过去曾经有过或现在正在进行的工业生产、原材料提取、商品化以及相关的能源和运输的基础设施建设过程的证据，使工业遗产的形象更加立体。

按照联合国教科文组织"世界遗产名录"（World Heritage List）中罗列的内容，工业遗产包括了从矿山、工厂到运河、铁路、桥梁等各种形式的工程

---

① 朱文一、刘伯英：《中国工业遗产调查、研究与保护（六）》，4 页，北京，清华大学出版社，2016。

图 2-1　埃菲尔铁塔

设计项目、交通和动力设施。著名的德国鲁尔区工业遗址、埃菲尔铁塔（参见图 2-1）等都是典型的近现代工业遗存。注意这里"遗存"一词，原文是"remains"，其基本义即"残余、遗骸"。纵观发达国家几十年来的工业遗产保护所涉及的对象，基本都是废旧工厂与废弃工业区。因此，"遗存（remains）"一词，用在这里可谓恰如其分。

2006 年，中国国家文物局《关于加强工业遗产保护的通知》是目前中国工业遗产保护的基本文件。通知里没有给出工业遗产的定义，只论述了工业遗产保护的对象，其表述为："在我国经济高速发展时期，随着城市产业结构和社会生活方式发生变化，传统工业或迁离城市，或面临'关、停、并、转'的局面，各地留下了很多工厂旧址、附属设施、机器设备等工业遗存。这些工业遗产是文化遗产的重要组成部分。"这里很明确的是指工业遗存，而不包括正在运行中的工业企业。这些迁离城市，或面临"关、停、并、转"的企业，在中国目前工业企业的总体中，实际上只占很小的比例。中国的大部分重要的工业遗产，蕴含于没有搬迁、没有关停的企业中。而且，最后一句笼统地将工业遗存等同于工业遗产，没有进行价值限定。

2014 年，国家文物局在《工业遗产保护和利用导则（征求意见稿）》中创造性地吸收了世界工业遗产研究的前沿成果，并与中国文物保护的实际经验相结合，明确了"可移动""不可移动""非物质"等文化遗产概念在工业遗产方面的落实。同时该意见稿虽然提到了"工艺流程""手工技艺"，但是并没有吸收《都柏林准则》"工业生产、原材料提取、商品化以及相关的能源和运输的基础设施建设过程"，这实际上就是对工业遗产中物质遗产和非物质遗产的不同理解所决定的。

二、工业遗产的类型

（一）按历史年代划分

按照工业发展历史，真正意义上的近代工业的产生是在产业革命之后。从时间上划分，工业遗产可以以三次科技革命的时间进行划分，18 世纪 60 年代至 19 世纪 70 年代为第一阶段，其标志是英国纺织工哈格里夫斯 1765 年发明的珍妮纺纱机，开启了人类的工业文明时代；而 19 世纪 70 年代至 20 世纪 50 年代为第二阶段，此阶段以德国和美国为中心，以电力广泛应用为主要标志，创造了更加巨大的生产力；20 世纪 50 年代之后为第三阶段，这个阶段的工业革命以原子能、电子计算机和空间技术的广泛应用为主要标志，是一场涉及信息技术、新能源技术、新材料技术、生物技术、空间技术和海洋技术等诸多领域的信息控制技术革命，是迄今为止人类历史上规模最大、影响最为深远的一次科技革命。对工业遗产的保护要根据其发展阶段的不同，在保护策略上予以区别保护，对于具有历史和文化价值的第一和第二阶段的工业遗产主要以保护为主，突出其原真性，深入挖掘并传承其历史和文化价值；对那些历史比较短、文物与遗产价值不够突出的第三阶段的工业遗产则主要以活化为主，充分利用其原有的经济价值创造新的经济增长点。

（二）按遗产形态划分

从遗产形态上来讲，同所有的文化遗产一样，工业遗产同样可以分为物质形态和非物质形态两个方面。物质化的工业遗产主要指以实物形态遗存下来的各类工业遗产，包括基础设施（厂房、车间、仓库、作坊、矿场、码头、道路、桥梁等）、附属生活服务设施（宿舍楼、办公楼、学校、休闲娱乐等）及其他不可移动的物质遗存和一切可移动的物质遗存（机器设备、生产用具、办公生活用品、历史档案、影像录音、文献、手稿、商标徽章及图书资料等）。非物质化的工业遗产主要包括各类历史、文化和工业技术资源（生产程序、工艺流程、原料配方、技术革新、标语口号、图文档案、发展历史等）。保护与活化工业遗产，应遵循整体性原则，要全面考虑工业遗产的整体价值，

图 2-2　1950 年首钢高炉群历史照片

评估物质与非物质遗产在整体中的价值关系，确保工业遗产整体价值的全面体现。如大庆精神是非物质工业遗产的一种体现；首钢的企业文化也体现为一种非物质工业遗产，而它的高炉（参见图 2-2）则属物质工业遗产。

（三）按重要性划分

工业遗产的重要性划分决定了工业遗产的保护程度与策略，因此，工业遗产可以进行以下划分：一是工业文化遗产，是指工业发展史上具有重要意义的物质遗产，具有较高的历史与文化价值，应该通过原真性展示方式，可以以博物馆形式做完整的保存；二是工业遗迹，是指有一定的工业发展史料价值，但略低于工业文化遗产，具备较大的保护性再利用空间，在保留基本风貌和部分原貌基础上，适合通过活化手法形式进行再生利用，创造新的经济和文化价值；三是工业遗留，是指在城市化进程中废弃与闲置的历史文化价值相对低、甚至没有价值的大量工业场地和工业设备，为了充分利用宝贵的城市土地资源，这部分工业遗留经过谨慎的价值评估，在确认没有再生利用价值的情况下，可以推倒重建。（参见表 2-1）

表 2-1　工业遗产的分类

分类依据	具体类别	具体描述
时间尺度	广义工业遗产	包括工业革命前的手工业、加工业、采矿业等年代相对久远的遗址，遗物及史前时期的石器遗址以及大型水利工程、矿冶遗址等
	狭义工业遗产	18 世纪从英国开始的工业革命，以采掘自然物质资源和对各种原材料进行加工、再加工与机器生产为主要特点的工业遗产
空间规模尺度	衰败工业区域	十几到几十平方千米，如德国鲁尔区、埃姆舍河谷
	城市旧工业区	几十公顷到几百公顷，如伦敦码头区、格兰威尔岛
	城市废弃工厂	几百公顷到几千公顷不等，如西雅图煤气厂
与城市位置关系	郊野工业遗产	距市区很远的纯郊区空旷地带，多为依托自然资源的工业，如矿山开采，在我国有出于早期军事目的的三线建设
	城郊工业遗产	随城市的发展而与城市的位置关系发生了变化，在城市老城区外围，多为大中型制造业和污水处理场等废弃物处理场地
	城区工业遗产	位于城市老城区内部或蜗居在城市中心，城市早期工业化的产物，多为内河港口与小型轻工业

第二节　工业遗产保护的起源与发展

一、工业遗产研究的萌芽

英格兰中部地区是西方的工业遗产保护运动起源地，最初的保护并非来自于理论（或者说还没有出现工业遗产理论），而是来自于少量自发的工业景观更新的实践，比如纽约中央公园、比乌特绍蒙公园等。真正的研究学科出现于 19 世纪末期英国的"工业考古学"，该学科强调对近 250 年来的工业革命与工业大发展时期物质性的工业遗迹和遗物的记录和保护。[①] 在工业考古学

---

① Palmer, M. & P. Neacerson. *Industrial Archaeology: Principles and Practice*. London & New York: Routledge, 1998, p.141.

的推动下，到了 20 世纪 60 年代以后，初步形成了工业遗产保护理论。

工业遗产保护和利用的早期探索阶段大概在 20 世纪 50 年代至 70 年代初。由英国公共工程部（Ministry of Building and Works）主持的"全英工业遗迹普查"活动起到了普及工业遗产的价值与意义的作用（1966 年以后由英国考古委员会接管），这为后来的工业遗产的保护研究奠定了坚实的理论与实践基础。这个时期，工业遗产的保护仍然处于单一学科的实践性探索阶段，如1963 年劳伦斯·哈普林（Lawrence Halprin）设计的美国旧金山吉拉德里广场（Ghirardeli Square）（参见图 2-3），将已废弃的巧克力厂、毛纺厂经过重新设计改造为商店及餐饮空间，在保持原传统地标性建筑的同时，提供新的功能转换，并提出了"建筑再循环"理念。

图 2-3　旧金山吉拉德里广场

随着现代主义城市更新运动的蓬勃发展，城市中大量的废弃工业厂房、仓库以及其他工业遗迹等引起了学术界的兴趣。他们通常称这些工业遗迹残留的地区为"棕地"（brownfield）。英国对"棕地"的定义是"被开发过的土地，这类用地上现有或曾经有永久性的建构筑物（不含农业或林业建筑）及相关的地表基础设施"[①]。日本将"棕地"定义为"由于现存或可能存在的土地

---

① 　郑晓笛：《论棕地再开发与工业建筑遗产保护的关系》，载《北京规划建设》，2011（1）。

污染，而使其固有价值未被使用或仅被非常局限使用的土地"①。美国在关于"棕地"的法案中，将其定义为"一块真实存在的地产，该地产的扩展、再开发或再利用有可能会由于危害物质、污染源或污染物的存在或潜在的存在而变得复杂"②。

这一时期，已经出现了许多有关工业遗产学术研究的论文。美国学者 *D.B.Steinlman* 的 *Susponsion Bridge* 一文应该是最早涉及工业遗产的文章，后来他在《工业考古》中提出"国家应该设置机构和建立相关章程，以保护那些深刻改变地球面貌的工业活动的遗迹"。1955 年，英国伯明翰大学 M. 里克斯（Michael Rix）发表了题为《产业考古学》的论文，文章以考古学为视角切入工业遗产，强调西方工业革命所遗留下来的历史见证面临着消失的威胁，呼吁政府及社会各界应切实保护（保存）英国工业革命时期的历史产业空间以及附属于产业文化的工业机械和纪念物。文章一经发表，在社会上引起了广泛关注，英国学术界及民间有识之士都给予了很大的支持，促使英国政府制定了相关保护政策。1964 年，国际文物工作者理事会（ICOM）召开并通过了《国际古迹保护与修复宪章》，即著名的《威尼斯宪章》，文中强调"历史古迹的概念不仅包括单个的建筑物，而且包括能从中找出一种独特的文明、一种有意义的发展或一个历史事件见证的城市或乡村环境"。《威尼斯宪章》扩大了历史古迹的概念，将历史建筑放在整个城市或乡村的环境中进行保护的考量，以谨慎的态度面对历史建筑保护，奠定了产业类建筑保护和再利用基础。1969 年，美国制定《历史性的美国工程纪录法案》，设立了工业考古委员会、工业遗迹普查署等组织机构，建立了国家历史工程档案。

随着工业遗产理论研究的深入，这一时期也出现了很多实践层面的代表案例，其中纽约苏荷区（参见图 2-4）的保护具有一定的代表性。苏荷区是纽约 19 世纪中叶工业化时代兴起的工业区，第二次世界大战后纽约的制造业衰退，苏荷区的工业企业也逐渐撤离；该工业区在 1869 年至 1895 年间兴建了大量的铸铁厂房建筑，现在仍然保存着约 50 幢独特精致的"铸铁式"建筑；20 世纪 60 年代，由于城市更新运动的发展，苏荷区一直面临被拆除的命运，在当地居民、艺术家及其他团体的不断斗争和努力下，1973 年，纽

---

① 郑晓笛：《论棕地再开发与工业建筑遗产保护的关系》，载《北京规划建设》，2011（1）。
② 郑晓笛：《论棕地再开发与工业建筑遗产保护的关系》，载《北京规划建设》，2011（1）。

图 2-4 纽约苏荷区

约市政府阻止了更新计划，将其设立为历史文化保护街区，通过艺术与商业的交融使之成为世界上第一个从工业区转变为创意园区的保护区，并创造了"LOFT"生活方式。[①]

二、工业遗产研究的发展

20 世纪 70 年代，由于经济转型，传统工业特别是钢铁煤炭和旧城内港持续衰退，产生了大量的城市工业遗产，刺激了工业遗产的理论研究。20 世纪 70 年代初，一些西方学者和政府机构开始明确将历史工业区确认为"遗产地"（heritage site），并将一部分 20 世纪初的城市工业区确定为历史遗产。1973 年，英国产业考古学会成立。同年，在工业遗产圣地——世界最早的钢铁结构桥所在地"铁桥谷博物馆"举行第一届产业纪念物保护国际会议，工业遗产保护的对象从此开始由产业"纪念物"转向产业"遗产"。

在工业遗产研究历程中，欧洲理事会（Council of Europe）和 1978 年成立的专门的国际工业遗产保护协会（The International Committee for the

---

① 参见陆地：《建筑的生与死：历史性建筑再利用研究》，南京，东南大学出版社，2004。

Conservation of the Industrial Heritage，缩写为 TICCIH）起到了十分重要的作用，前者关注欧洲，后者则是一个世界性的工业遗产组织；TICCIH 极大推进了工业遗产的保存、保护、研究、文献整理和阐释，并于 1997 年设立专门的产业考古奖。1985 年和 1989 年，欧洲理事会分别以"工业遗产，何种政策"和"遗产与成功的城镇复兴"为主题召开了西方有关工业遗产的国际会议，其后涌现出相当多的有关工业遗产的研究论文和专题报告，如帕默·玛丽莲（Marilyn Palmer）和彼得·尼弗森（Peter Neaverson）在 1998 年出版的著作《工业考古：理论与实践》中不仅系统介绍了工业考古的源起、理论，还结合实例从景观、建筑、结构、机器、资料及技术领域进行了分析，对 40 多年来的工业遗产理论研究进行了系统的梳理，对工业遗产实践进行了总结。同时，一些保护法规和战略规划出台，如联合国教科文组织世界遗产中心 1994 年提出了"均衡的、具有代表性的与可信的世界遗产名录全球战略"，其中把工业遗产作为特别强调的遗产类型之一。1978 年，波兰的维利奇卡盐矿（Kopalnia soli Wieliczka）（参见图 2-5）成为联合国教科文组织世界遗产中心收录的第一个工业遗产类世界遗产。这一时期产生了广泛普遍的实践，如斯内普麦芽音乐厅、伦敦码头开发区、西雅图煤气厂公园（参见图 2-6）等。

　　20 世纪 80 年代，发达国家掀起工业建筑遗产保护和利用的热潮。1986 年，荷兰开始调查整理 1850—1945 年间的工业遗产基础资料。1979 年成立的法国工业遗产考古学会（CILAC）一直以来坚持不懈地进行工业遗产登录和

图 2-5　波兰维利奇卡盐矿教堂

图 2-6 美国西雅图煤气厂公园

保护工作，搜集相关文献史料并制订长期建档的计划，迄今为止已经登录了法国近 1000 处工业遗产，并分地域、分类型地出版了大量相关书籍。20 世纪 80 年代末期，日本开始对生产设施、厂房和建筑保存进行普查。英国的"铁桥峡谷（Ironbridge Gorge）"工业遗址作为工业革命的发祥地遗址，1986 年被列入《世界遗产名录》，成为世界上第一个因工业闻名的世界遗产。

三、工业遗产研究的成熟

1996 年，巴塞罗那国际建协（UIA）第 19 届大会提出城市"模糊地段"（terrain vague）概念，会议明确指出需要对包括工业、铁路、码头等城市中被废弃的地段进行保护、管理和利用。

2002 年柏林国际建筑师协会第 21 届大会将大会主题定为"资源建筑"（resource architecture），会议对世界上一些工业遗产改造成功的案例（如德国鲁尔区工业遗产再生案例）给予高度关注，进一步推进了社会各界对工业遗产的保护和利用的重视。

《下塔吉尔宪章》指出，工业遗产是"具有历史价值、技术价值、社会价值、建筑或科研价值的工业文化遗存"[①]，宪章对工业遗产的保护与普查进行了

----

① TICCIH. The Nizhny Tagil Charter for the Industrial Heritage. http://www.mnactec.

详细的阐述，明确定义了工业遗产的概念、研究对象、价值构成等。《下塔吉尔宪章》标志着人类的遗产保护进入了新的历史时期，在工业革命和城市化的双重推进下，遗产保护的对象已经不单纯是传统农业社会的遗存，而是根据时代的要求扩展到了近现代工业社会的遗存，在保护方向上也不再仅仅是保护，而是增加了利用的新取向，从此，工业遗产的研究开始走向成熟。半个世纪以来，英国伦敦码头仓储区再利用、德国鲁尔工业区改造（参见图 2-7、2-8）、美国纽约 SOHO 区改造、维也纳煤气塔改造都是成功的案例。

图 2-7　德国鲁尔工业区历史照片

图 2-8　改造后的德国鲁尔工业区

这期间比较有代表性的理论研究成果，一是法国的 Patrick Dambron 在 2004 年出版了著作《工业遗产与地区发展》，探讨了工业遗产与社会学、建筑学、技术学、历史学、考古学、人类学、人种学等诸多学科的关系。Patrick Dambron 认为，通过对人类的社会活动、文化与工业产品等的研究，能够深入了解当时的地区经济发展与工业技术的紧密关系；他还认为："原工业用地的功能转换是地区发展的核心所在，也是正确评估经济增长能力的关键"。[①] 二是 Eleanor Conlin Casella 和 James Symonds 在 2005 年出版的《工业考古：未来的方向》一书，书中从工业时代殖民地、工人性别与种族、各国工业遗产出版物等多个角度展开研究。[②]

第三节　我国工业遗产的发展脉络与特点

一、我国近现代工业遗产阶段的划分

（一）我国近代工业遗产划分

1. 产生阶段（1840—1894 年）

1840 年鸦片战争的失败，清朝部分有识之士清醒地认识到与强国间的差距，开始寻找强国之策，提出"制器之器"（李鸿章）、"师夷长技以制夷"（魏源）等主张，试图引进西方工业制衡西方列强，客观上使中国近代工业的众多领域实现了从无到有零的突破。以曾国藩、张之洞、李鸿章、左宗棠等为代表的洋务派官员创办了很多官办企业，也有一些民族资本家和殖民势力买办创办的企业，这一时期的工业遗产主要有汉阳铁厂、金陵机器局、大沽造船厂等。（参见图 2-9、2-10、2-11）

2. 初步发展阶段（1895—1911 年）

1895 年的中日甲午海战，李鸿章苦心经营 20 年的北洋海军全军覆没，

---

① Patrick Dambron. *Patrimoine Industriel & Développement Local.* Paris: Editions Jean Delaville, 2004.

② Eleanor Conlin Casella & James Symonds. *Industrial Archaeology: Future Directions.* New York: Springer Science & Business Media, 2005.

图 2-9　金陵机器局机器大厂

中日签订《马关条约》使国门洞开，日本及其他列强在中国随意设厂，民族工业则只能在夹缝中生存。这一时期的典型工业遗产主要包括：北京东直门自来水厂、景德镇瓷业公司、横道河子中东铁路建筑群（图 2-12）、日耳曼啤酒股份公司青岛公司、昆明石龙坝水电站（图 2-13）、上海阜丰面粉厂、南通大生纱厂、商务印书馆等。

3. 迅速发展阶段（1912—1936 年）

随着清朝灭亡，日本侵略

图 2-10　改造后的金陵机器局

图 2-11 大沽船坞"甲"字坞历史照片

图 2-12 横道河子中东铁路建筑群历史照片

图 2-13 昆明石龙坝水电站

势力在中国疯狂掠夺资源、排挤中国工业资本，大量投资办厂，并且延伸到各个领域。随着清帝退位，进入民国时期，国家的民族资本开始迅速崛起，北洋军阀以及国民政府军政要员、归国华侨等都成为重要的工业投资者，近代工业从殖民性工业结构逐渐走向自主发展，这一时期的工业遗产主要包括：鸡街火车站（图 2-14）、个碧石铁路等。

4. 短暂复苏阶段（1937—1948 年）

"九一八"事变后，日本成立工业综合体，疯狂掠夺中国资源，供其军国主义战争的需求。由于中国的主要工业城市沦陷，中国政府组织工业工厂大量内迁，社会各界和爱国资本家积极响应，纷纷将能够搬迁的工矿企业内

图 2-14　鸡街火车站

迁至西南地区，这一行动不但保护了民族工业，也极大促进了西部地区的开发和民族工业化进程。

（二）我国现代工业遗产划分

1. 社会主义工业初步发展时期的工业遗产（1949—1965 年）

近代我国在帝国主义、封建主义、官僚资本主义的疯狂掠夺和连年内外战争的破坏下，国家的经济建设和工矿企业的发展等基本上处于崩溃状态。新中国成立后，在中国共产党的领导下，中央政府对原有的国民政府经营企业、外资企业、民间私营企业以及手工业进行了不同程度的社会主义改造；通过征管和接收外国在华资本、没收官僚资本，建立起国营经济体制，使其符合国家的宏观经济计划和新时代社会发展目标；这一阶段，苏联专家对我国的各项建设都给予了大力援助，大批重型企业不断兴建，到 1957 年，工业建设项目遍布国防、机械、化学、电子和能源工业等各个方面，初步搭建起了我国工业化的骨架并形成了门类比较齐全的现代工业基础。

2. 社会主义工业曲折发展时期的工业遗产（1966—1978 年）

这个时期是我国历史上特殊时期，中国实施的"三线建设"和"文化大革命"，对工业经济发展影响巨大，导致工业经济大起大落。这一时期的"三线建设"极大提升了西部地区的生产力水平，国防高精尖技术取得重大突破，形成了一批新型工业城市，但是由于特殊的历史原因，这一时期的工业遗产没有得到应有的关注。这个时期的工业遗产主要是 1958 年的酒泉卫星发射中心导弹卫星发射场等。

3. 社会主义工业大发展时期（改革开放之后）

改革开放以后，中国积极探索并确立了具有中国特色的社会主义工业体制，这个时期经历了中国特色社会主义市场经济方向探寻阶段（1978—1993年）、中国特色社会主义市场经济构建完善阶段（1994—2013年），以及党的十八大以来全面深化改革的中国特色社会主义市场经济建设新时代这三个阶段。这个时期，中国的工业所有制结构发生了很大变化，个体与私营企业、乡镇企业、外资企业崛起，国有工业比重下降，开创了多元化工业经济格局。随着工业化进程与国有企业改革的深入，传统制造业活力有一定程度降低、老工业基地转型面临困境，大量工业遗产开始面临消失的危机，是保护活化还是任其消失，这是学术界和社会共同关注的热点。（参见表 2-2）

表 2-2　中国近现代工业发展时期

时期	时间	分属
近代工业	1840—1894 年	中国近代工业产生时期
	1895—1911 年	中国近代工业初步发展时期
	1912—1936 年	私营工业资本迅速发展时期
	1937—1948 年	抗战和战后短暂复苏时期
现代工业	1949—1965 年	新中国社会主义工业初步发展时期
	1966—1978 年	社会主义工业曲折前进时期
	改革开放之后	社会主义现代工业大发展时期

二、我国工业遗产研究的基本脉络

相比较欧美国家的工业遗产保护与再利用方式及理念，我国因为国情不同，历史发展过程不同，虽然对工业遗产的研究比西方晚了近 40 年，但是表现出了理论先行、实践受理论指导的特质。20 世纪 90 年代初，中国各界开始意识到工业遗产的历史价值，它是我国民族工业发展史的有形载体，但当时主要集中在对部分大城市的滨水工业区、仓储区案例的开发研究。理论上开始出现少量有关工业遗产的研究文章，属于工业遗产研究的起步阶段。90 年代末期，中国的城市更新及改造运动催生了对城市工业遗产研究的深入思考，衰落的城市码头工业区成为最先引起学界重视的工业遗产类型。陆少明提出，衰落的城市码头工业区具有愈来愈受青睐的工业文化与历史景观价值，完全保持其原有的空间结构体系是不太现实的，改造其方式按照改造与保护的程度不同，可以分为保护改造型和改造保护型。[1]

　　进入 21 世纪，根据学科建设需要，国内各个学科的学者们对工业遗产进行了多维度的综合交叉研究。一些学者试着从建筑学、历史学、社会学、技术学等角度对其进行探讨研究。阙维民从时空的角度对历年进入世界遗产名录的工业遗产进行了分析，总体阐述了国际工业遗产保护的现状；还涉及世界工业遗产的统计分析，并运用地理学的观念与方法，阐述了中国传统工业遗产研究的背景与意义、保护现状以及研究展望，为今后的工业遗产保护提供参考。[2]

　　2006 年，时任国家文物局局长单霁翔撰写了《关注新型文化遗产——工业遗产的保护》的长文，包括"工业遗产保护的国际共识""工业遗产的价值和保护意义""工业遗产保护存在的问题""国际工业遗产保护的探索""我国工业遗产保护的实践""关于保护工业遗产的思考"六个方面，系统研究了工业遗产的普查与认定、立法与保护规划等方面的内容。[3]

　　2006 年 4 月 18 日，国家文物局在无锡召开了中国首届工业遗产保护与利用研讨会，通过了《无锡建议——注重经济高速发展时期的工业遗产保护》（以下简称《无锡建议》），这是中国政府对国际古迹遗址日"工业遗产"主题"重视并保护工业遗产"的回应。参加研讨会的学者与来自国家文物局的中央和地方官员一致同意对潜在的工业遗产进行调查和识别是工业遗产保护的第一步。《无锡建议》首次对工业遗产做出定义，即"具有历史学、社会学、建

① 参见陆少明：《关于城市工业遗产的保护和利用》，载《规划师》，2006（10）。
② 阙维民：《世界遗产视野中的中国传统工业遗产》，载《经济地理》，2008（6）。
③ 单霁翔：《关注新型文化遗产——工业遗产的保护》，载《中国文化遗产》，2006（4）。

筑学和科技、审美价值的工业文明遗存。包括工厂、车间、磨坊、仓库、店铺等工业建筑物，矿山、相关加工冶炼场地、能源生产和传输及使用场所、交通设施、工业生产相关的社会活动场所、相关工业设备，以及工艺流程、数据记录、企业档案等物质和非物质文化遗存"[1]。该界定同样没有明确工业遗产区别于其他遗产的核心价值，把工业遗产与文化遗产中的一般文物保护单位混为一谈，这成为工业遗产保护和利用实践中机械照搬一般文物保护单位做法的理论基础。

《无锡建议》认为："鸦片战争以来，中国各阶段的近现代化工业建设，都留下了各具特色的工业遗存，构成了中国工业遗产的主体，见证并记录了近代中国社会的变革与发展。"[2] 这里根据我国国情明确了我国工业遗产的时间起点，是本土化的正确尝试。

《无锡建议》还提出："尽快开展工业遗产的普查和评估工作，将重要的工业遗产及时公布为各级文物保护单位，或登记公布为不可移动文物，编制工业遗产保护专项规划，并纳入城市总体规划，区别对待、合理利用工业废弃设施的历史价值。"[3] 会议宣布九处近现代工业遗产入选第六批全国重点文物保护单位，分别是：黄崖洞兵工厂旧址、中东铁路建筑群、青岛啤酒厂早期建筑、汉冶萍煤铁厂矿旧址、石龙坝水电站、个旧鸡街火车站、钱塘江大桥、酒泉卫星发射中心导弹卫星发射场遗址和南通大生纱厂。其中年代最远的工业遗产是1890年创办的汉冶萍煤铁厂矿的旧址（图2-15），是清末洋务派官员张之洞创办的钢铁工业遗

图2-15　汉冶萍煤铁厂矿旧址（冶炼铁炉）

---

① 《无锡建议——注重经济高速发展时期的工业遗产保护》，载《建筑创作》，2006（8）。
② 《无锡建议——注重经济高速发展时期的工业遗产保护》，载《建筑创作》，2006（8）。
③ 《无锡建议——注重经济高速发展时期的工业遗产保护》，载《建筑创作》，2006（8）。

址。该厂曾是中国近代最大的钢铁煤联营企业，目前该工业遗产保留的是冶炼铁炉、高炉栈桥、日欧式建筑群、天主教堂等。

在《无锡建议》的认识基础上，文化部于2009年8月颁布了《文物认定管理暂行办法》，首次将工业遗产列入文物范畴，从操作层面对工业遗产进行了界定。工业文化遗产是指具有重要历史、经济、社会、科技、审美价值的工业领域的遗迹和遗物，包括工业建筑物和机械、生产作坊、工厂、车间、矿场、加工提炼遗址、仓库货栈、物流场所、能源产生转化利用地、交通运输及其基础设施，以及与工业有关的居住、商业、医疗、教育、娱乐等社会活动场所。其中透露出了鲜明的实践导向，重在外延的穷尽式枚举，但仍然缺乏抽象的一般化的学术内涵。

随着党的十九大作出了加快建设制造强国和坚定文化自信的决策部署，2016年工业和信息化部联合财政部印发的《关于推进工业文化发展的指导意见》（以下简称《指导意见》）明确提出要推动工业遗产保护和利用。2018年8月出台的《国家工业遗产暂行办法》是落实《指导意见》、规范国家工业遗产认定和保护利用的重点举措，也是有效引导全国范围内工业遗产保护利用工作的必然要求。

《国家工业遗产暂行办法》中认为，工业遗产保护的工作具有一定的公益属性，同时又有较高的经济和社会价值，促进工业遗产保护与合理利用既是国际通行的准则，也是实现工业遗产更好保护和可持续发展的重要条件。《国家工业遗产暂行办法》确立了"政府引导、社会参与，保护优先、合理利用，动态传承、可持续发展"的原则，强调在保护优先的前提下，鼓励开展合理利用，政府、遗产产权所有人和社会各方协同合作，强化对遗产核心物项的保护，保留工业遗产核心价值；在保护好工业遗产的前提下进行合理利用，对其承载的优秀工业文化进行创造性转化和创新性发展，促进工业文化繁荣和产业发展，实现"动态传承"、可持续发展。[①]

2021年5月，工业和信息化部、国家发展和改革委员会、教育部、财政部、人力资源和社会保障部、文化和旅游部、国务院国有资产监督管理委员会、国家文物局联合印发《推进工业文化发展实施方案（2021—2025年）》，

[①] 《工业和信息化部关于印发〈国家工业遗产管理暂行办法〉的通知》，中华人民共和国国务院公报，2019-02-20。

提出通过五年努力，基本完善工业文化支撑体系，进一步深入理论研究与应用实践，工业文化新载体更为丰富，初步形成分级分类的工业遗产保护利用体系和分行业分区域的工业博物馆体系；打造一批具有工业文化特色的旅游示范基地和精品路线，建立一批工业文化教育实践基地，传承弘扬工业精神；推动工业文化在服务全民爱国主义教育，满足并引领人民群众文化需要，增强人民精神力量等方面发挥积极作用，推动形成工业文化繁荣发展的新局面。①

我国在工业遗产保护实践上做了很多尝试，2002 年底，中国第一家发电厂——上海杨树浦发电厂那根曾经的"远东第一大烟囱"被拆除，《解放日报》在 2003 年 7 月 3 日发表了题为"烟囱之死"的文章，引起社会各界的关注，在网络上引起大规模讨论。2001 年，北京大学俞孔坚等完成的广东中山岐江造船厂改造，该项目获得第十届全国美展金奖；2004 年我国台湾建筑师登琨艳以上海苏州河畔旧仓库的改造，获得联合国教科文组织授予的亚洲遗产保护奖；同济大学常青等完成数项涉及工业遗产保护的实验个案；崔凯等完成北京外研社二期厂房改造等，都为中国工业遗产的研究奠定了案例基础。

三、我国工业遗产研究的主要特点

（一）工业遗产形态的多样性

1. 科技多样性

中国的工业经历了长达一百多年复杂的工业化历程，且众多工业主体之间又有差异性，又杂糅了西方理念，并吸收了苏联资助研发的不同水平的科学技术和生产流程。另外，我国工业化的进程从洋务运动开始就力求直接引进最先进的科技，然而我国工业化的非匀速发展和体制原因，导致这些科技在发达地区消亡的，但却在中国沉淀。由于以上因素，我国有了比许多国家和地区都丰富多彩的"工业化石群"。

2. 历史多样性

我国开埠之后，一个多世纪的半殖民地半封建社会中，承载了国外资本

---

① 《八部门联合印发〈推进工业文化发展实施方案（2021—2025 年）〉》，载《中国建材》，2021（7）。

工业兴建的近代工厂、封建政府洋务派官员以及民间资本家兴办的中国民族工业、新中国的社会主义工业形态，它们都在中国大地上留下了各具特色的工业遗产，构成了中国工业遗产的主体。

（二）对工业遗产核心价值认识的模糊性

工业遗产记载了工业文明历史，正确认识工业遗产的价值，有助于更好地对其实施保护和再利用。近些年，我国的很多学者在工业遗产的价值上做了非常多的研究，也建构了城市工业遗产的价值评价方法，用于综合评价城市工业遗产，并提出了针对不同的保护级别选择合理的保护途径与方法。学者邢怀斌、冉红艳、张德军指出，任何遗产的价值都可以分为两部分，一是遗产的本真价值，即遗产本身所承载的历史、科学、美学等意义；二是遗产的功利价值，主要指遗产具有的经济、政治、教育功能。骆高远等学者提出了工业遗产的旅游价值，这种旅游形式是在废弃的工业旧址上，通过对原有的工业机器、生产设备、厂房建筑等保护和再利用将其改造成一种能够吸引现代人了解工业文化和文明，同时具有独特观光休闲和旅游功能的新方式，其旅游价值是建立在保护利用基础之上的，是对工业遗产价值的重新认定。

虽然很多学者从工业遗产价值的不同方面进行了深入的剖析和研究，但是很少有学者从工业遗产的核心价值入手进行专门系统的研究。寇怀云认为，工业遗产保护的核心在于技术价值的保护，从而建立了工业遗产价值评价和保护评价体系，并在此基础上从方法论的角度对工业遗产技术价值保护的模式和方法进行了论述。总体来说，目前国内的研究现状还是处于摸索阶段，对于工业遗产的核心价值有所认识，但依然不够系统和具体。

（三）对工业遗产利用协调机制理解的局限性

由于工业遗产价值的多样性和保护资源的有限性，工业遗产保护不是一个独立的部门来进行的。工业遗产的所有人也不可能是一个主体，它可能包括多方的利益关系，也会受到多个主体或利益方的制约。如何在工业遗产的保护过程中平衡各方的利益以达到保护遗产的目的，或者遗产保护以及活化利用的利益再分配问题，包括利益的主体和个体如何进行权力的制衡，如何调动各方利益的保护积极性去真正实现对工业遗产的保护和利用，等等。这方面的理论研究，我们看到更多的是国外的利益协调机制的文献，国内很少有学者去详细研究我国工业遗产保护领域中的利益协调机制，这种情况制约了我国工业遗产保护利用的进一步发展和完善。

（四）对工业遗产保护机制研究的片面性

目前国内工业遗产相关的理论基础研究和实践还处于不断完善阶段，还不够系统全面。多数学者都将工业遗产的保护开发模式和改造再利用相结合进行研究，很少有专门学者研究工业遗产的保护机制。国内更多的工业遗产理论研究还是利用国外经验的做法，结合国内一些国有资产保护实例和实践进行方法论的研究。保护性改造及利用的实践超前于理论研究，进入工业遗产保护领域的学科面还没有完全打开。合理的保护机制首先在于其投入机制，政府、非政府组织、社会团体、慈善机构和个人多方参与的运作机制，保证了资金投入的持续充足，科学高效精简完备的管理网络体系，在保护意见中发挥了主导作用。国外保护历史文化遗产的经验表明，遗产保护不仅要立法，保护法律、保护体系和法律监督体系同样需要完善。

四、我国工业遗产研究存在的问题

（一）工业遗产研究在概念上仍然存在模糊性

工业遗产作为新兴文化遗产，涉及建（构）筑物、设备、设施、动力能源、交通运输以及与工业生产密切相关的住宅、工人、文化教育设施、生活服务设施等，是一个复杂的巨系统。在遗产类型上，工业遗产与文化遗产的其他遗产类型如 20 世纪遗产、军事遗产、线性遗产、工程遗产、运河遗产、农业遗产等都有交集，因此厘清工业遗产的概念、定义、内涵、构成、边界是十分重要的，对工业遗产的时间维度、科学价值和社会价值进行再认识十分必要。

（二）工业遗产保护理论研究不够系统完善

目前我国工业遗产的保护性改造及利用的实践较多，理论研究滞后，导致工业遗产的认定保护规划和价值评定标准的制定缺乏科学的理论依据。国内关于国外的理论研究，也还存在资料与信息数量不全的问题。我国学者对于工业遗产的保护与开发模式及如何进行改造再利用都有一定的研究成果，但对于工业遗产的管理主体、核心价值认定、传承或活化的评判、保护主体利益关系如何协调以及保护机制的完善等关键问题方面欠缺研究。

（三）工业遗产的非物质文化研究不足

当下关于工业遗产保护与活化的视角，更多的是关注对场地构筑物或设备等实体的保护，忽视了对工业遗产的相关非物质文化遗产的保护利用，如工业遗产的生产资料、生产工艺以及精神记忆，等等。随着城市化进程的不断加快，城市更新使诸多的工业遗产逐渐消失，城市产业工人的渐渐老去导致工业生产的历史资料与回忆也在快速地流失；这些非物质文化的遗存，同样承载着城市发展的记忆，是都市产业工人记录一生回忆的乡愁，是工业遗产不可或缺的一部分。现今，对工业遗产的相关非物质内容的研究与分析还没有形成系统，迫切需要建立一套工业遗产非物质文化形态的研究系统。

（四）工业遗产的评价机制研究尚显不足

评价机制的不健全，直接导致对工业遗产的价值认识的不到位、保护和利用等相关措施制定不标准、保护与活化效果的评价不准确。就现有的研究成果看，我们的评价方法是静态的、二维的，没有对时间所产生的遗产进行定义，没有从多维的角度去研究和建立评价机制，缺乏对历史发展性和城市更新等重要特征的考虑和研究。而且由于我国幅员辽阔，地域经济发展的差异性很大，各地的评价方法和评价机制，在一定标准的基础上应该有所不同，要结合当地的实际情况和经济发展状况进行评价机制的微调，但前提一定是有一套标准的、可操作的评价机制。

（五）对工业遗产研究缺乏统一的研究范式

我国工业遗产的研究尚未形成专业的学科，站在我国工业遗产保护研究和实践前沿的第一部分是建筑学领域的学者，他们研究的重点是工业建筑遗存，关注工业建筑遗存所构成的空间体系特征以及工业景观的保护与利用问题；第二部分是艺术家，他们所关心的是工业遗产的艺术审美价值以及这些审美价值所产生的空间与艺术形式传承的意义；第三部分是文物部门的学者，他们从文物管理与考古的角度出发，更加重视工业遗产的历史文化性的传承与保护，但是容易忽略其科技性，同时对生产工艺、历史场景等非物质文化元素重视不够。形成这种状况的主要原因还是缺乏统一的管理机制和研究范式，大家各自从自己的学科角度进行研究，没有能够进行学科范式的整合，从而形成系统化的研究合力。

第三章 工业遗产价值与评价体系

第一节 工业遗产的价值体系

国际上遗产的价值评估起源于艺术史学者的研究，最早可以追溯到1902年意大利学者里格尔，他将遗产分为年代价值、历史价值、相对艺术价值、实用价值、崭新价值。[1]1963年，德国学者沃尔特将遗产分为历史纪念价值、艺术价值、使用价值。[2]2003年7月，国际工业遗产保护委员会通过《下塔吉尔宪章》定义工业遗产的价值是历史价值、技术价值、社会价值、建筑和科研价值。[3]

工业遗产的价值具有多重性，现在被国内广泛应用的价值评估标准多为2014年修订的《中国文物古迹保护准则》，将文物古迹分为"历史价值、艺术价值、科学价值、社会价值、文化价值"[4]，其中的社会价值和文化价值是在2000年版本的基础上新增。

人类的社会、经济和文化是一个具有复杂价值的巨系统，是体现人类生命本质或有利于人类个体生存发展的功能、属性的总和。作为人类文化遗产的一部分，工业遗产是拥有多重价值内涵的一种文化遗产，界定、保护和利用工业遗产的关键是认清工业遗产的价值构成体系。在工业遗产保护中，选择合适的管理与开发主体并根据其价值特点，采取正确的保护和利用方法的

---

[1] Alois Riegl A. *The Modern Cult of Monuments its Character and its Origin*, 1903.

[2] Frodl Walter. "Denkmalbe-griffeund Denkmalwerte". Festschrift Wolf Schubert. Kunstdes Mittelalterin. fachsen,Weimar,1967.

[3] The Nizhny Tagil Charter for the Industrial Heritage, 2003.

[4] 国际古迹遗址理事会中国国家委员会：《中国文物古迹保护准则》，北京，文物出版社，2015。

重要前提是首先要确定工业遗产核心价值与外围价值，工业遗产的价值构成体系不但决定了对其进行保护的程度与利用的方式，同时，能够避免工业遗产保护与利用中的两个错误倾向：一是保护中的泛化，缺乏对工业遗产的价值评估后的筛选，泛化的保护理念会阻碍城市的合理更新；二是保护中的精英化，片面提高工业遗产认定的标准，导致多数工业遗产在城市更新中消失。

一、历史价值

工业遗产是人类发展历史的遗存物，它还原了历史，突破了时间和空间的限制并成为历史的形象载体。它见证了人类历史上的以机器文明为特征的大工业生产，体现了人类生产方式的根本性转变；见证了近现代工业从无到有的历程，承载着真实和相对完整的工业文明信息，是一个完整的生命体。这些历史证据包括了：以工业活动为目的的构建物、产品的生产流水线及其机器设备、所在的工业生产区和周围的环境以及所有其他有形和无形的显示物。它们的发展历史、存在意义和文化内涵都需要被讲述、被记录、被研究，不同时代的工业遗产为我们保存了相对应时期的历史文化演变序列，使人类发展历史的记录更加完整。

人类的工业生产活动，是人类发展史上的重要轨迹，记录着特定时代经济、文化、社会、产业、工艺等方面的历史文化信息，是把握近代历史，揭示社会进化发展的重要证据和实物。忽视或者丢弃了这些对体现人类生活转变具有重要意义的物质证据和具有普遍性的人类历史价值，就抹杀了城市、国家和民族的重要记忆，使历史出现重大空白。正如凯文·林奇（Kevin Lynch）所说："一个全新的事物，经历了变旧淘汰，再到被闲置、废弃，直到最后他们重获新生，才有了所谓的历史价值。"因此，保护工业遗产是对传统产业工人历史贡献的纪念和其崇高精神的传承，也是对民族历史完整性和人类社会创造力的尊重。

广东作为中国近代民族工业发展史上重要的发源地之一，在中国工业发展史中占有重要地位，许多历史名人与事件都与工业遗产有关联，如广东机器局与张之洞、广东士敏土厂与孙中山、黄沙火车站与詹天佑、光华制药厂

图 3-1 黄沙火车站历史照片

化工车间与向秀丽等。这些工业遗产是广东地区社会变革、城市发展的见证，承载了一代产业工人的历史记忆，具有十分重要的历史价值。（参见图 3-1）

二、社会文化价值

工业遗产是人类工业文明的历史见证和物质见证，是城市历史中最重要的情感记忆。美国学者保罗·康纳顿认为，记忆不仅有人的个体记忆，还存在着社会记忆或集体记忆，工业遗产不仅承载着真实和相对完整的工业化时代的历史信息，还启迪人们追忆以工业为标志的一代乃至几代人的青春年华和社会历史，那一份抹不去的乡愁、忘不掉的伤痛、理还乱的情愫以及长相思的记忆，无不体现城市产业工人特定时期的工作方式和生活状态，它包括关系网络、职工生活、情感记忆、管理制度、文化精神以及社会认同等内容[1]，是工业遗产中非物质文化的重要体现。

保护这些反映特定时代特征、承载历史信息的工业遗产，是为了尊重人类社会的创造性和民族历史的完整性，是为了纪念传统产业工人对人类工业

---

[1] 参见刘伯英：《中国工业遗产调查、研究与保护》，43 页，北京，清华大学出版社，2017。

发展的历史贡献。工业遗产是产业工人及其家庭以及常年根植于此的其他所有人员的特殊情感的寄托，对工业遗产的保护能够给予他们情感的回忆和心理上的归属感，这是他们内心所饱含的一种珍贵而特殊的情感价值。

工业遗产所经历和见证的工业化生产与生活方式，是人类文明史上最伟大的历史变革时期之一，它具有非比寻常的社会影响力和不可替代的文化价值，其所承载的一座城市曾经的辉煌和物质与文化发展的历史痕迹，为续写城市的未来打下了坚实的基础，并构成了当今社会的认同感和归属感。工业遗产作为物质化的社会行为与关系的存在，它的空间属性既有物质性，也有行动性和社会性；它不仅是人类行为实现的场所，也是维持、加强或重建现有社会结构和关系的社会实践领域。企业的精神、理念和文化，总体上反映了生产与安全、运营与高效、创新与务实的企业文化特质和风格。产业工人的生活、工作习惯和劳动记忆也充分展现了劳动者朴实、向上、忠诚的精神气质和人文风情。

工业遗产也是城市文脉与精神的重要纽带与延续渠道。它承载着生产活动中人们的共同体验、情感与回忆、劳动与智慧，并通过物质和非物质的方式将这些信息以及工人对现在和未来的历史贡献和崇高精神传递给人们。工业遗产保护能够有序构建可识别性的城市文脉和地域文化，特别是在当前，我国正处于城市更新的进程中，城市景观同质化、城市文化荒漠化现象非常严重，迫切需要建设具有自己独特地域文化脉络的城市文化，对于一些历史悠久的工业文明城市来说，通过工业遗产保护，能够形成独具特色的城市文化，也是城市文脉的延续。保护工业遗产是为了维护人类文化的传承，培育社会文化的基础，保持文化的多样性和创造性，促进人类文化的不断发展。

岭南地区在百余年的工业发展历史中，逐渐形成了具有岭南特色的工业文化内涵，悠久的历史文化底蕴和工业发展历程，孕育了岭南几代产业工人的集体记忆，见证了产业发展光辉的历史岁月。如今，他们虽然完成了产业历史使命，但是依然在城市更新的历史背景下，合理有效地发挥着新的产业效应，为增强区域经济活力、优化城市产业结构，对延续社会文化、发展社会经济显现出新的生命力。（参见图3-2）

三、科学技术价值

工业遗产的技术因素是区别于其他传统文化遗产的关键特质，所以，从这个意义上讲，工业遗产的核心价值之一是它所承载的技术价值。工业遗产伴随着世界上三次工业革命的产生、发展、沉淀而形成，反映并见证了整个工业技术发展的历史脉络和科技为工业发展作出的杰出贡献，造就了人类在科学技术上的巨大进步，进而使城市经济和社会文化发生了前所未有的深刻变化，体现了人类改造社会、改造自然的能力。

工业遗产作为工业生产活动的场所，它完整地记录了每个时代科学技术的发展，包含了许多

图 3-2　1919 年的广州岭南大卖场

对生产活动有着重要促进作用的科学发明与技术创造。一方面，许多工业遗产因为对自然规律的尊重与洞悉，本身就包含着天才的发明与创造；另一方面，工业生产空间的选址规划、建筑物和构造物的施工建设、机械设备的调试安装、生产工具的改进、工艺流程的设计和产品制造的更新、科学的生产与组织方式等，也都记录着重要的技术信息，这些共同构成了工业遗产承载的技术价值。保护好不同发展阶段具有突出技术价值的工业遗产具有十分重要的意义：一是能给后人留下相对完整的工业生产技术的发展轨迹；二是便于公众更加清楚地认识工业技术发展史；三是可能提供科技创新方面的启迪；四是可以提高对科技发展史的研究水平。

以广州为中心的岭南地区社会经济发展同样离不开科学技术的突飞猛进，该地区是我国开始工业化最早的城市之一，是中国工业产品研发基地之一，

是中国橡胶、火柴、造船、飞机、制糖工业的诞生地。（参见图 3-3）大量的工业遗产见证了广州以工业技术革新引领城市发展的历史轨迹以及归国华侨和民族实业家"救亡"和"图强"的爱国情怀。

四、艺术美学价值

建筑在特定的历史时期、特殊区域、特别功能要求的情况下，其风格、形式、流派、特征以及体量、材料、色彩等方面所记录的一切建筑元素，都是建筑艺术不可或缺的素材，而工业遗产建筑的艺术美学价值正是在此得以

图 3-3 协同和机器厂产品宣传页历史照片

完美体现。它糅合了建筑艺术与工业功能的特殊形态，形成了异于一般传统意义上建筑空间的特殊结构。一个城市的城市肌理具有独特的视觉特征和空间性格，而这种特征和性格又在潜移默化地塑造着该城市的文化气质，老工业城市的工业布局和产业发展就是极大影响城市肌理的重要因素，工业遗产中所包含的工厂建筑和构筑物的规划设计、工具和机器的设计以及建造工艺的机构，直观表达了现代主义建筑美学、机器美学、技术美学等独特的设计语言，能够启迪后人的创造性思维。尤其是工业遗产建筑，通常规模宏大、气势恢宏、结构坚固、体量较大、空间比例和谐、外观简洁等特点，充分体现了工业美学的逻辑秩序和艺术感染力，为其物质文化和非物质文化遗产的活化利用提供了可能。每一栋建筑都像一台巨大的机器，具有极强的视觉吸引力和冲击力，表达了现代主义建筑风格初期的建筑空间机器化构建的设计理念，反映了工业化时代的机器美学特征。根据工业化生产的需要，老工业厂房的空间尺度和高度通常都十分巨大，而且在建筑和材料上具有鲜明的时代特征。工业化的大型建筑大多都具有鲜明的景观特色或节点功能，非常容

图 3-4 顺德糖厂主体建筑

易成为城市的地标性景观建筑，具有强烈的身份认同感和空间位置感，构成不可替代的城市特色。

岭南地区特殊的地理环境、时代背景孕育了先进性、向海性、包容性的工业遗产特色，其早期的"中西合璧"特色、新中国成立初期的"苏联风格"、简洁实用的现代工业建筑处理手法等都体现了具有时代特点的建筑美学内涵。因此，研究岭南工业遗产对了解当代中国建筑美学文化的"西学东渐"以及现代建筑思想的发展演变具有重要意义。（参见图 3-4）

五、经济价值

《下塔吉尔宪章》指出，"改造和使用工业建筑应该避免浪费资源，强调可持续发展，在曾经的产业衰败或者衰退的经济转型过程中，工业遗产能够发挥重要作用。"[1] 这说明工业遗产能够产生重要的经济价值，对工业遗产的有效保护实际上是在更加有效地利用资源；另一方面，抢救保护工业遗产也能在地区经济发展中另辟蹊径，寻找新的经济增长点，为城市丰富的历史、文化、工业底蕴注入新的活力和动力。

工业遗产的保护计划必须在国家及区域内经济发展政策规划的整体框架之内，同经济社会发展、产业更替等结合起来，在真实性和整体性的原则下，

---

[1] The Nizhny Tagil Charter for the Industrial Heritage, 2003.

图 3-5　英国泰特现代艺术馆

才能达到其经济价值的保护要求，例如德国鲁尔奥伯豪森在有色金属矿加工厂废弃原址上，新建了一个集购物中心、工业博物馆、儿童游乐园、多媒体影视体验等多种功能为一体的综合购物空间；英国伦敦著名的泰特现代艺术馆就是由一个准备拆除的火电厂改建而来，从工业遗产保护的角度出发，经过多年的运营、保护，逐渐成为全世界最著名的美术馆之一，也带动了旧工业区——泰晤士河南岸地区从工业衰退走向文化繁荣。（参见图 3-5）

第二节　工业遗产的评价原则

一、相对性原则

在全国重点文物保护单位中，不仅有古建筑、古遗址和古墓葬，还有很多重要的近现代历史遗迹和代表性建筑遗产。所有文化遗产价值的定位与评价都是相对的，所以，工业遗产价值的评估也具有相对性，具体表现在城市之间、行业之间以及城市与工业的相关性上。

同时，我国的工业产业发展缺乏平衡，传统手工业和传统制造业分别早于现代工业和高科技产业，各类工业行业具有很大的差异性，各行业的工业遗迹也具有不同的文化含义和遗产价值。行业不同，其对城市建设发展和人民生产生活具有不同的贡献。同一个行业在不同的发展阶段有不同的代表性纪念物，这种纪念物又传达了不同的历史记忆和遗产价值，所以，不同行业的工业遗产价值是相对的。

因此，做好工业遗产价值的评价，不仅要研究具体的城市及其工业发展历史，还要把产业作为综合研究的单元；我们不仅要考虑城市中这个行业的发展历史，还要考虑这个产业在整个国家乃至世界发展史上的地位和作用。

二、代表性原则

工业遗产应该是在一个时期、一个领域、一个行业领先发展、具有较高水平、富有特色的典型代表。既要注重工业遗产的广泛性，避免因为认识不足而导致工业遗产消失，又要注重工业遗产的代表性，避免由于界定过于宽泛而失去保护重点，要保证把最具典型意义、最有价值的工业遗产资源保护下来。

三、全面性原则

工业遗产保护是应该保护其"优秀"的部分还是"代表"的部分？一般认为前者倾向于避免工业生产带来的负面影响，如对环境的污染（包括土壤、地下水、空气、噪音等）和破坏（包括人类健康、生态环境、社会环境等），但这些又刚好是工业生产中的"代表"性内容，是随着工业生产为人类带来巨大生活改变的同时所附加产生的负面因素，这是个辩证的矛盾，有时很难避免。因此，作为完整的工业遗产系统，不能以当下的价值评判标准选择性的失忆，而应该站在历史的高度去面对工业遗产的保护工作，要尽力保留遗产的"原生态"，包括"优秀"部分和"灾难"或"破坏"性的部分。例如，在工业遗产保护中保留了一些受污染的土壤和地下水样本，并进行了各种实验，既要显示工业生产的破坏性也要显示各种处理方法的效果和实践。再比如，模拟工业噪音污染（短期）和工业空气污染（非污染物替代品），使参观者感同身受，这样能够使游客更全面地了解工业遗产。

工业遗产既包括物质的也包括非物质形态的遗产，中国古代历史上广义的工业遗产有着丰富的资源，包括酿酒、水利、工程、冶炼、陶瓷、纺织等多存在于传统手工艺的方面，应当纳入评价范畴；工业遗产中的发展脉络、产业文化、价值观念、工艺流程等非物质形态的保护也应受到同等重视。

四、原真性原则

原真性原则是国际上定义、评估历史文化遗产的一项基本原则。工业遗产也是历史文化遗产的一个类型，因此必须将工业遗产的历史信息真实地保留下去，传递给后代。

所谓原真性也即真实性（authenticity）。从构词法的角度衡量和判断，其核心内容有以下两方面：其一，指所探讨和研究的对象的发生和起源具有原生性、原创性、非复杂性等方面的特性；其二，正因为对象拥有原生、原创、非复杂性等特性，因此这类对象自然拥有了另一种属性，即真实性、确实性、可靠性。

文化遗产真实性指的是"创作过程中的内在统一性及其实施的施工工作乃至其经历沧桑留下各种影响的真实性"①。历史建筑的原真性不仅与单体建筑本身有关，还与历史建筑的社会、经济和文化背景有关。尤·约奇勒托对"尊重原物"的原真性原则进行详细阐述：延长原材料和原有结构的生命周期，保持其在原有结构和原始基础上的位置；对原材料上由于历史变化所形成的沧桑印记和历史痕迹，要最大限度地予以保留；尽量保护原有的形式设计与原始的材料结构设计等，对于因自然或人为原因损毁的部分，要尽可能进行还原性修复，其原则是要尊重建筑历史的原貌。②简而言之，原真性的基本原则是应尽可能把保护对象及其组成材料的衰变和损失减少到最低程度，以稳定现有状态为根本目的，并进一步防止衰变和损失的发生。

---

① ［芬］尤·约奇勒托：《文物建筑保护的真实性之争》，刘临安译，载《建筑师》，1997（10）。
② ［芬］尤·约奇勒托：《文物建筑保护的真实性之争》，刘临安译，载《建筑师》，1997（10）。

第三节　工业遗产的评价体系

一、建立目的

工业遗产评价体系的目的是用一套定量的方法来评价工业遗产各个方面的价值，定量评价的结果是最终评价其遗产价值的基础，这种定量评估标准具有以下优点：一是确保价值评估的客观性；二是易于掌握，便于不同背景的人使用；三是适用于不同地区（评价体系可根据当地产业资源特点适当调整），不同类型工业遗产的评估（包括不同行业工业企业的遗产价值评估，以及单个建筑物、构筑物、设施和设备的遗产价值评估）。

二、应用对象

该评估方法用于评估现有工业资源的工业遗产价值，不仅适用于工业企业，还适用于工业企业内部的结构、设施和设备等遗产要素。由于涉及多个行业的工业企业数量众多，工业资源的遗产价值评估应基于以下层次：

首先，组织相关部门与专家对各行业的工业企业进行综合评价，选择具有遗产价值的企业；其次，通过考察、评估，确定各工业企业的建筑、设施和设备综合性的遗产价值；最后，根据以上量化指标的综合评估，由各领域专家组成的专家委员会进行全面的对比分析、科学评价，提出工业遗产名录，并向政府有关主管部门报送，政府批准后向社会公布。

三、评价内容

评价内容分为两部分：

第一部分是历史赋予工业遗产的价值，是工业发展历史中所产生的价值，主要包括历史价值、社会文化价值、科技价值、艺术审美价值和经济利用价值等；这五项价值处于平等状态，没有主次之分。价值评价既要注重物质文化成分的价值，也要注重非物质文化成分的价值。这种评价方法不仅可以对整个工业企业进行评价，也可以对工业企业的建筑物、设施设备等物质实体进行评价。

第二部分是工业遗产保护与再利用的现状和价值，主要包括区域位置、建筑质量、利用价值和技术可能性；这四项指标一视同仁、不分主次。该评价方法主要用于工业企业的建筑物、构筑物、设施设备等实体的评价。

在评价工业遗产具体价值的过程中，首先根据第一部分的评价内容与方法来判断其遗产价值。这部分主要是针对工业遗产本身的绝对价值进行的评估，这是工业遗产价值评定的基础。第二部分的评估主要是在讨论工业遗产的保护与再利用方案或制定工业遗产保护方案时所进行的补充评价。补充评价的结果不影响第一部分评价对工业遗产价值的判断，仅为保护再利用方案的选择和决策提供参考。

第四节　工业遗产的评价指标

一、历史价值指标

（一）历史年代与历史地位

悠久的历史赋予了工业遗产宝贵的历史价值，因为构成一般文化遗产的重要因素就是历史价值；同时，历史价值也反映了工业遗产作为文化遗产组成部分的基本属性，使其成为了解当地早期工业文明的历史纪念碑；它是记录一个时代经济社会、工程技术发展水平等方面的物质载体。工业企业在长久的发展时期或特殊的发展阶段所形成的特殊历史结果，使工业遗产具有相对的稀缺性。

工业遗产承载企业是否在国民经济和社会发展中发挥了重要作用，是否有着重要的贡献和影响，而历史地位则衡量工业遗产在历史上是否处于领先地位和开拓性，即企业的发展史是否具有典型意义，这些因素都是评价工业遗产历史价值的重要指标。

（二）历史事件和历史人物

任何与重要历史事件或伟大历史人物联系在一起的事与物，都将具有特殊的历史价值，工业企业及其遗存、遗迹等也不例外。诸如产业工人革命、大罢工等重大历史事件的发生，必然会增强其作为一般文物的属性，是工业遗产历史价值的重要标志。重要历史人物，包括党和国家领导人、外国国家元首和贵宾、参与设计和施工的著名建筑师和工程师、工业企业长期经营和生产的主要领导人、技术模范、劳动模范、科学家等，凡是与工业遗产有重要联系的著名历史人物都有助于提高工业遗产的历史价值。

（三）历史延续性

任何一个企业的发展都经过一个漫长的历史进程，在这个流逝过程中，企业随着社会经济、科学技术、企业性质以及政治等发展变化而进行不断地演变，这种演变包含着技术、资本、政策、人员等一系列的变化，这种历史延续性正体现了企业的成长过程，历经这些阶段还仍然存在的工业遗产，具有中国特色工业发展史"化石"价值，见证了所在城市乃至地区和国家的经济发展过程。

二、社会文化价值指标

（一）企业文化与名誉评价

工业遗产中的非物质遗产价值包括企业文化，这是一种无形的文化价值，往往会被人忽略，它包括企业在科技创新、生产流程、经营管理、工会人事、劳动保护等方面通过长期努力摸索所形成的具有企业独特文化风格的经验和教训，在品牌、产品、产量、质量等方面作出的成绩，产业在当时社会环境下为人们的生活和国民经济发展所作出的贡献以及流传下来的企业文化、企业理念、企业精神等。因此，反映时代特征的工业遗产，能够振奋我们的民族精神，传承产业工人的优秀品德。工业遗产中蕴含着务实创新、包容并蓄，励精图治、锐意进取、精益求精、注重诚信等工业生产中铸就的特有品质，为社会增添一种永不衰竭的精神气质，这些无形遗产具有社会价值与教育价值。

企业名誉指工业遗产企业所获得的重要荣誉，如领袖题词、批示等，以及中国驰名商标称号、免检产品称号、中国名牌产品称号、中国工业大奖，等等，也包括企业在社会上的被知晓范围度和企业美誉度，等等。

（二）社会责任与社会情感

工业遗产见证了人类社会巨大变革时期的日常生活，同时对于引领和改善我们的社会生活也起到了重要作用。工业遗产往往塑造了企业所在地居民与特色工业相关的特殊生活方式，形成了以地方居民为主体的场所，如钢铁城、煤矿城、石油城等，反映为企业文化对当地民风、生活方式的影响程度。工业企业是一个完整的生产、生活体系，是当时社会的缩影，从某种意义上讲，国家和地区在一个时代的政治、经济和建设上的路线、方针、政策与实践等，都能在工业遗产中得到真实的记录和反映，公众已经将社会责任视作衡量企业价值的标准。

工业遗产清晰地记载了各个历史时期工业企业的社会责任，以及在全球经济一体化背景下中国工业发展的历史进程。工业遗产还清晰地记录了劳动者难以忘怀的人生，成为社会认同感和归属感的基础，构成不可忽视的社会影响。作为当地历史发展的重要组成部分，工业遗产记录着企业发展对整个社会经济生活的影响和作用，以及对社会经济发展、城市建设、生活水平和就业的贡献，对当地人民具有特殊的社会情感价值，保护和再利用它们可以稳定那些突然失业者的心理。

三、科学技术价值指标

（一）开创性、先进性

在文物保护领域，工业文物作为其中一个重要组成部分，具有一定的特殊性，它的特殊性主要体现为科技价值在工业遗产价值体系中占据核心地位，是工业遗产价值形成的充分必要条件。在世界、国家或地区（市）范围内设立企业进行某一行业类别具有开创性的创业，或应用某一技术、设施和设备在该行业具有开创性，这些企业、建筑、设施和设备将具有特殊的遗产价值。

在工业生产活动中，为了改进生产工艺、提高质量效率、增加产量，创新设计设施设备、生产工具、工艺流程等内容；同时，运用先进技术实现技术变革，在同行业中引导和代表着技术的发展潮流与方向，并在一定的区域内得到推广，产生技术认同和广泛的社会效应。这些变革与成果将使工业遗产具有一定的科技价值。

无论是在实物、文字档案中，还是在人们的记忆和习俗等无形记录中，这些价值都会留下痕迹并得到反映。某些特殊产品或者特殊生产过程的工艺和技术，由于其濒临消亡，使其具有特殊的稀缺价值。

重大的、具有"里程碑"性质的技术革新和具有"划时代"意义的科技发明，如蒸汽、电力、新能源等技术标志；或者虽非重大革新，但也是革新阶段必经量变的过程，如生产操作法、机器装备的阶段性技术进步等都是评价工业遗产科学技术价值指标的重要条件。

（二）独特性、创造性

在工业遗产的生产基地选址规划、建筑物和构造物的设计、施工建设，机械设备的调试安装工程方面具有工程科技价值。因为在工业化发展时代，工业建筑、构筑物和大型设备在建设时应用了当时比较先进的新材料、新技术和新结构，如钢结构、薄壳结构、无梁楼盖等新型结构形式在工业建筑中的应用，抗震技术、洁净厂房、特殊材料和实践在工业建筑中的应用等。

四、艺术美学价值指标

（一）建筑美学

因工业遗产的建筑、构筑物等往往具有某种艺术倾向，体现了某一历史时期建筑艺术发展的风格、流派、特征，能够反映出工业时代的演进过程，它记录了不同时代的工业建筑作为一种独立的建筑类型体现的高度的建筑美学水平和存在、发展的价值，从建筑史学的角度讲，具有较高的学术研究和教育的意义，其造型、色彩、结构、材料、体量等方面的艺术表现力、感染力具有工程美学的审美价值，机械美学、后现代美学则成为工业遗产建筑工程美学的理论基础。

（二）机器美学

工具和机器的设计与制造工艺能够集中体现机器美学和技术进步的指标，

保存至今的工业机器设备，作为物质载体折射出近代民族工商业的发展历程。

（三）产业风貌特征

工业遗产因其产业特性和工艺流程、独特的产业风貌以及在厂区规划或工业建筑结构、设施和设备群体集合中对城市景观和建筑环境的艺术影响而具有重要的景观和美学价值。这使得工业遗产成为该地区的识别标志，也给居住在这里的人们带来了强烈的认同感和归属感。

五、经济价值指标

（一）结构可利用性

工业遗产的建筑和结构的施工质量较高，且总体上相当坚固，结构寿命往往超过其功能设计使用年限，使工业遗产具有"年轻化"的特征，持续利用、转化和再利用潜力与价值巨大，为观赏、娱乐和工业旅游提供了基本元素。可以充分发挥工业遗产建筑地再利用价值进行产能转换，使其再生新的功能、新的生产价值，避免资源浪费；同时，工业遗产的活化再生可以节省大量的拆迁和建设成本，避免因拆迁所产生的大量建筑垃圾对自然环境造成的破坏。

（二）空间可利用性

由于功能的要求，工业建筑一般具有跨度大、空间大、层高高的特点，建筑内部空间使用灵活，易于根据生产需求进行空间重组和功能转换；与新建筑相比，工业建筑的改造和再利用可以利用原建筑的主体结构以及部分可利用的基础设施，这样可以节省大量建设成本，缩短施工周期。因此，工业遗产建筑的实体再利用具有非常突出的经济价值。工业构筑物、设施和设备——高炉、煤仓、焦炉、油罐、煤气柜、水塔等设施都可以根据新的空间功能需要进行空间和结构的改造和再利用，基于工业建筑空间的特点，改造的方式方法多样，可以充分发挥设计师的想象力和工业建筑空间结构的优势，进行巧妙布局、灵活分割，具有很强的艺术表现力和巨大的经济价值。

（三）支出性成本指标

对工业遗产的经济价值指标分析，除了考虑收益预期之外，也要考虑支出型成本指标，包括：日常维护成本，由于工业建筑的功能特征决定了其民用型功能的不足，比如保温、隔热、取暖等问题，在进行改造利用的过程中，必须加强其使用功能的完善与维护；利用改造成本，通过科学利用与合理改造，工业遗产能够转换并赋予新的功能与内涵，这种利用与改造是实现城市经济社会的良性互动发展的先期投入；机会成本，主要指城市因保留工业遗产造成的经济损失、土地开发损失、企业生产损失以及人员安置成本等。（参见图 3-6、表 3-1）

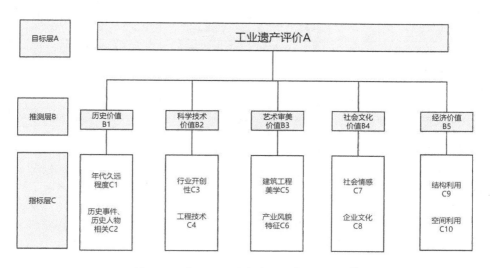

图 3-6　广州工业遗产价值判定指标框架[①]

表 3-1　广州工业遗产价值评价指标分值分配表[②]

一级指标	二级指标	描述（分值）			
历史价值 （满分20分）	年代久远程度	1840-1936年（8-10）	1937-1949年（5-7）	1950-1963年（3-4）	1964-1983年（0-2）
	历史事件，历史人物相关	特别突出（8-10）	比较突出（5-7）	一般（3-4）	较少（0-2）

① 资料来源于广州市城市规划编制研究中心。

② 资料来自：贾超、王梦寒：《广州工业建筑遗产研究》，广州，华南理工大学出版社，2020。

一级指标	二级指标	描述（分值）			
科学技术价值（满分20分）	行业开创性	特别突出（8-10）	比较突出（5-7）	一般（3-4）	较少（0-2）
	工程技术	特别突出（8-10）	比较突出（5-7）	一般（3-4）	较低（0-2）
社会文化价值（满分20分）	社会情感	特别突出（8-10）	比较突出（5-7）	一般（3-4）	较低（0-2）
	企业文化	特别突出（8-10）	比较突出（5-7）	一般（3-4）	较少（0-2）
艺术价值（满分12分）	建筑工程美学	特别突出（6）	比较突出（4-5）	一般（2-3）	较低（0-1）
	产业风貌特征	特别突出（6）	比较突出（4-5）	一般（2-3）	较低（0-1）
经济价值（满分12分）	结构利用	特别突出（5-6）	比较突出（4）	一般（2）	较低（0-1）
	空间利用	特别突出（5-6）	比较突出（4）	一般（2）	较低（0-1）
独特性价值（满分8分）	特色明显	特别突出（7-8）	比较突出（5-6）	一般（3-4）	较低（0-2）
稀缺性价值（满分8分）	稀缺	特别突出（7-8）	比较突出（5-6）	一般（3-4）	较低（0-2）

第四章　工业遗产保护体系的建构

第一节　工业遗产保护体系的原则

一、保护与发展相结合原则

科学进步与时代发展必然带动产业革命，新产业的蓬勃发展和传统产业的逐步衰落是不可避免的历史现实。然而，传统产业的退出并不是销声匿迹，也不意味着工业建筑之类的空间载体和落后的生产力一样被淘汰和拆除。根据工业建筑遗产的性质和城市发展需要，在遗产保护理念的指导下，通过功能转换与活化，既保持原有建筑的完整性又适应了现代生活的需要，实现资源节约、减少建筑垃圾，实现工业建筑生命周期的可持续发展。

二、可持续性原则

工业遗产的活化不是没有原则底线的改造，而是在遗产保护的基础上，通过调研分析和研究，找到适用于原建筑遗产特点的新的用途，使该建筑场所的文化意义和历史价值没有从实质上被削弱，甚至能使其焕发出比原建筑更有活力的价值。同时，对原建筑的改变必须是可逆的、可复原的，对于原有建筑的整体性影响不大，使原有建筑的属性仍然可以延续和体现。

三、功能适用性原则

工业建筑一般具有以下特点：体积大、空间宽敞灵活、功能适应性强、有很好的改造再利用价值等，是生态改造的有力起点，使工业建筑在注入活力、新功能的同时，延续其历史文化，让其功能发生转变，以适应当前人类生活环境。

第二节　工业遗产保护与"都市乡愁"

一、"都市乡愁"语境的理解

现代城市的诞生，使城市文化与农耕文化出现了分离，成为了独特的文化景观。西方城市模式与生活方式的引入，混凝土森林成为城市形态的典型模式，人们在对现代城市生活的向往与适应的同时，与之相伴而行的则是另一种怀旧的情怀——都市乡愁。

"都市乡愁"是一种怀旧意识，具有心理学的自然性和普遍性，它起源于两个希腊词根"nostos"和"algia"，乡愁和怀旧，都包含了回家和思乡的含义。怀旧是对过去人们生活环境和生活方式的一种感觉，充满了纪念和回忆过去的强烈情感。在钢筋水泥的现代化城市生活，城市文化与传统农业文明是分离的，从农耕生活走来的中国人日渐感觉与自然的隔离与疏远，中国人"道法自然"的哲学思想从来就没有离开过内心，所以这种怀旧的"乡愁"是来自对自然、对过去生活的一种怀念，不一定是要回到过去的生活，而是对过去所有美好事物与故事的情感追忆，人们需要时间与空间去追忆过往，这是人们生活历史的一部分。

在社会发展的过程中，"乡愁意识"更多体现在对原有社会结构和生活秩序遭到破坏和改变、历史景观消失以及人们固有生活方式和习惯改变的恐惧和情感失落，尤其是曾经经历过难忘的历史辉煌的人们，这种怀旧的"乡愁"感会更为强烈。

二、"都市乡愁"视域下的工业遗产

城市背景下的怀旧意识是满足城市人群对当地过往文化和情感的精神需

求，是一种城市化进程中的必然规律。它不仅是保护当地历史文化、保存历史记忆和人文精神的推动力，更是维系城市文脉和文化积淀的精神原动力。对工业遗产再利用来说，怀旧意识是保护与活化的前提。怀旧主要体现在精神的回归上，怀念过去的生活和集体记忆，可以回忆美好的故事，可以产生必要的反思效果，有助于将工人阶级的生产生活感受与集体记忆有机地结合起来，构筑立体化的城市文化和情感信息，能够为工业遗产的再生活化提供策略方向。

如果说前一种怀旧是在集体记忆中体现出来的对企业成长的激情回忆，那么后一种怀旧更多是体现在个人或者群体对企业生活的感知与回忆。对于以工业企业为核心经济发展起来的城市来说，工业企业对城镇居民的影响是巨大的，围绕企业形成了一个巨大的生活圈，"单位"的概念融进了所有产业工人的生活血液中，"单位"已成为组织经济生产、居民消费和社会管理的重要形式，解决了职工及其家属从住房、教育到医疗卫生保障等所有的生活问题。这种生活与工作完全融合的状态浸入了产业工人一辈子的生活与精神寄托，形成了强大的具有顽强生命力和延续性的居民单元综合体，这种怀旧的力量是巨大的，也给工业遗产的活化利用提供了一种消费模式。

如何在工业遗产改造与利用中解决遗产价值与商业价值的矛盾，寻求宏大的历史叙事、消费时代的小资情结以及城市的群体记忆等平衡点，应该注意以下几个方面：一是在工业遗产空间布局再造技术的应用中，应该赋予新空间更多的情感因素，重视工业遗产再生利用中的怀旧意识，将历史记忆碎片与新的设计元素串联起来，形成具有历史空间叙事性的新建筑空间；二是在工业遗产建筑改造中，更多地选用具有经典意义的、能够代表历史节点记忆的怀旧元素，通过这些保留的历史记忆的叙事性表述，传达时代精神、传承历史文脉，从而从宏观上延续城市的历史文化脉络。

第三节　工业遗产保护与政府策略引导

一、政府支持

政府是维护社会公平正义的保证力量，是保证社会公共资源分配平等的重要职能部门之一，更是协调与管理社会各项工作的核心。工业遗产保护与利用，离不开政府的管理与协调，城市工业遗存如何界定为工业遗产，需要在政府的组织下实施；工业遗产保护、保留还是拆除，或者是进行房地产开发等处置方式，都需要政府的参与决策，只有政府才能平衡各方的利益关系（企业自身、城市用地、房地产开发、企业工人等），才能使工业遗产通过有效地保护与活化，转变成为所有人共享的公共社会资源。联合国教科文组织亚太地区文化部顾问理查德·思格哈迪在谈到上海市历史建筑改造问题时认为："上海历史建筑保护的精髓不在于对建筑结构的保护，而是要凸显建筑的社会功能和文化内涵，老建筑改造后，不仅仅是富人享受的场所，而应当让所有上海人民共享。"[1] 上海的问题是中国历史建筑保护与改造的缩影，工业遗产建筑改造也有同样的问题。

实现社会公平是政府最重要的功能之一，对于能够为中低收入阶层提供服务的历史建筑再利用项目，地方政府应该积极参与支持，使建设项目在财务上具有可行性。政府参与工业遗产保护再利用项目，以政府公信力为保证，打造工业遗产再利用的项目平台，基于该平台组织社会力量广泛参与、讨论工业遗产再利用的方案计划，也在一定程度上减少了政府决策的风险。

产业类历史建筑和地段的保护再利用工作是一项功在千秋的事业，但其短期的效益或许不如常规的地产开发那么明显，因此其推动需要政府的支持与引导。《下塔吉尔宪章》明确指出："政府应当有专家咨询团体，他们对产业遗产保存与保护的相关问题能提供独立的建议，所有重要的案例都必须征询他们的意见。"[2] 同时，"在保存与保护地区的产业遗产方面，应尽可能地保

---

① 宋颖：《上海工业遗产的保护与再利用研究》，135页，上海，复旦大学出版社，2014。

② The Nizhny Tagil Charter for the Industrial Heritage, 2003.

证来自当地社区的参与和磋商"。① 只有集中各方面专家的智慧，并组织社会各界的有效参与，才能形成保护的共识。

从案例方面看，国外一些城市的产业建筑及其地段的保护与改造再利用大都是采用由政府主导、规划先行、基础设施改善优先、投资者和开发商参与互动并协商配合的"自上而下"方式，对文化遗产保护的认识具有社会一致性，因此，即便有时对一些工业遗产改造再利用的经济投入产出不如新建建筑，其保护改造的社会目的仍然可以达到。

在工业遗产或遗址保护过程中，各级政府扮演着至关重要的角色，没有各级政府及其相关部门的合作和支持，工业遗产保护工作往往难以开展。此外，在工业遗产的利用上，各有关部门考虑问题的角度不同，利益趋向不同，往往存在不少矛盾，这些都需要政府统筹管理和组织协调，更需要立法的明确与安排。

二、社会参与

当今，工业遗产的保护已不仅仅是一种技术手段，更是一门社会科学，是多种社会关系的博弈。公众参与作为一种社会活动，伴随着社会政治思潮的发展，也已经演变成为一种民主手段。同济大学张松教授曾经指出："城市遗产保护不只是技术层面的工作，解决问题的关键在民众意识的觉醒。广泛的历史保护只有建立在同样广泛的文化认同的基础上方有可能。有了一致的保护优秀传统文化的意识，再在此基础上建立起有效的公众参与和监督机制，城市遗产保护的具体工作才能得以全面的、顺利地展开。"②

保护工业遗产应是系统的、全面的过程。从本质上讲，民众既是工业遗产的创造者，也是工业遗产的传承者和发扬者，文化遗产负载的内容是全国人民共同的历史记忆，是劳动人民的历史遗产，保护工业遗产的主角也应当是广大民众。按照人大代表的观点，对工业遗产进行普查、制定标准、落实保护措施等手段都需要公众性参与。甚至政府在工业遗产的保护过程中，可以聘请义务

---

① The Nizhny Tagil Charter for the Industrial Heritage, 2003.
② 同济大学建筑与城市规划学院编:《文化遗产保护研究》, 134 页, 北京, 中国建筑工业出版社, 2010。

的遗产保护宣传员或者监督员。毕竟他们中的许多人，从小就和这些工业遗产生活在一起。在工业遗产的保护中，公众参与是必要、必然、必需的选择。鼓励社区组织、居民参与保护工业遗产的行动，鼓励媒体和社团参与到工业遗产的保护工作中来，将在工业遗产的发现、认定、保护、维护、监督、应急处置等方面起到重要作用，他们是工业遗产保护不可或缺的力量。另外，从广义上来讲，专家参与决策，针对工业遗产保护提出独立的建议或作出的咨询意见也都属于公众参与。公众参与将对政府保护文化遗产工作提供有力的支持作用，是政府和社会合作共赢的基础。同时，公众参与将对政府保护工业遗产工作起到强有力的监督作用，提高政府的保护能力。

从经济角度来看，有组织的社会力量解决了市场失灵所带来的公共物品供给不足的问题。当前的情况下，不只是工业遗产，包括其他历史遗产的保护大都缺乏足够的资金维护修缮，如果专项历史建筑维修基金的募集渠道能多样化，广泛吸收民间的充裕资本，而不仅仅只依靠杯水车薪的政府历史建筑的维护拨款，保护和再利用才可能步入正轨。

三、文化导向

国际公认的文化遗产价值认为：文化遗产最本质的属性是文化资源和知识资源，其价值主要体现在社会教育、历史借鉴和工人研究、鉴赏上，经济价值则是其历史、艺术、科学价值的衍生物，这一属性并不会因为社会制度的不同而有所区别，也不因为经济体制的改变而改变，单纯追求经济利益往往造成开发经营上的盲点和短视，解决好工业遗产再利用过程中的经济效益和社会效益矛盾，归根结底在于有效地协调经济、文化与社会价值之间的关系。

文化导向下的工业遗产再利用是以文化创意产业注入工业遗产，满足旧城区再生和经济结构升级的需要，形成富有特色的产业链和文化产业集群，培育文化创意产业成为城市的主导产业甚至是支柱产业，从而带来新的就业和新的经济增长点，使城市出现新的文化繁荣。文化导向的工业遗产再利用不应该是完全基于地产导向的，而应是以一个或数个文化创意产业为骨干，整合整个地区的经济体系，从而形成模块化的经济体或特色化产业群。这不仅增强了产业的竞争力，而且还提高了辖区内市民的归属感和荣誉感。

第五章　岭南工业遗产的现状与发展

第一节　广东地区工业遗产的形成与特征

一、形成与现状

广东省作为中国南部近代工业的发源地之一，从 19 世纪 60 年代兴起的洋务运动开始，近代工业迅速发展，当时政府和许多实业家在广东创办了众多知名企业。历史的沉淀给广东省留下了规模庞大、数量众多的富有再利用价值和历史文化价值的工业遗产，不同时代、不同类型的工业遗产，遍布于珠三角中心区域和粤北、粤西偏远地区，见证了广东省工业文明的发展历程，但在快速发展的城市化进程中，大量工业遗产正在荒废甚至消失，亟须积极保护和多渠道的再利用。在城市化快速发展的时代，分析广东省的工业遗产时空分布特征是工业遗产保护与再利用的重要基础工作。

广东省拥有十分优越的区位优势，广州曾是中国近代史上首批开埠的城市之一。在洋务运动和实业救国运动的影响下，广东省的近现代工业十分发达，很多市县都拥有鲜明的工业文化特征，如佛山的制陶业、中山的造船业、珠海的制糖业等，这些工业一直延续到今天，但在快速城市化的进程中，"更新"成为了时代发展和规划的主题，大量的工业遗产被废弃与拆除。

广东省的工业遗产保护项目申报处于一个缓慢增长的状态，在 21 个地级市中，只有少数地级市在申报历史建筑名单中重视工业遗产，如广州市、东莞市、佛山市等。即便以工业遗产数量众多的广州市为例，2022 年之前出台了六批历史建筑名单共 815 处，其中工业遗产类历史建筑只有 30 处，第一至第六批均有涉及。

2022 年 7 月 15 日，广州市政府网站公布了《广州市人民政府关于公布广州市历史建筑名单的通知》，确定广钢铁路专用线花地河大桥等 13 处建（构）筑物为广州市第七批历史建筑，且全部为工业遗产类，时间跨度涵盖各个历史时期，较完整体现了广州工业发展史。第七批历史建筑名单的公布，体现了政府对工业遗产的价值高度认可，也说明了工业遗产在城市发展进程中所具有的特殊历史和文化意义是不可替代的。

总体来看，广东省各市县工业遗产的保护和再利用意识正在兴起，大部分都在有计划、有安排地开展各项保护性工作，但现阶段各城市对工业遗产的重视程度并不一致，有个别城市甚至完全没有关于工业遗产的文献资料，如梅州、潮州等，只有零星的新闻报道和政府文件有所涉及，鲜有开展具体的实践工作。

整个广东省工业遗产还是比较丰富的，例如省级工业遗产名录包括：第一批，柯拜船坞（中国第一个造船坞，位于现广州黄埔造船厂厂区）、协同和机器厂（现为协同和动力机博物馆）；第二批，广南船坞（建造时间为 1914 年，主要遗存有：船坞 1 座；1 号、2 号、3 号船台；档案、厂志、历史照片）、广州太古仓码头（始建年代为 1904 年，主要遗存有：3 座丁字形栈桥式混凝土码头、7 幢砖木结构仓库、1 座水塔）、砲洲灯塔（始建年代为 1898 年，主要遗存有：灯塔、陈义纪念馆）、海珠桥（始建年代为 1929 年，主要遗存为：桥体、原英国制中跨钢结构、胡汉民题写"海珠桥"、历史照片）；第三批，南风古灶（广东省佛山市禅城区）；第五批国家工业遗产包括：江门市甘化厂制糖分厂及附属码头、英德市红旗茶厂。广东省的工业遗产的考察挖掘还有很大的潜力，广东很多国家级文化遗产中也有属于工业遗产范畴的项目，比如，广东士敏土厂（大元帅府）、HK 牛奶公司制冰厂（英国雪厂）、虎门炮台（南沙部分）、莲花山古采石场、顺德糖厂，等等，这些遗产的认定也充分说明了广东工业遗产的丰富。

广州市工业遗产保护项目主要分为工业遗产、工业遗存、工业遗留、工业现存四类，截至 2022 年 7 月广州获得法定身份的工业遗产 79 处，包括文物部门公布的各级文物保护单位 53 处和市规划局公布的历史建筑及风貌建筑 39 处，其中 13 处具有文物保护和历史建筑双重身份。至 2022 年 7 月，广州市共公布了七批历史建筑推荐名单，其中推荐了 57 处工业遗产，以广州造纸

图 5-1　顺德糖厂历史照片

厂、广州钢铁厂、华侨糖厂、广州市第二棉纺厂等为代表的优秀现代建筑被公布为历史建筑，虽然这些建筑只是以历史建筑的名义被推荐，但是它们依然是工业遗产的范畴。

　　顺德糖厂（图 5-1）是佛山唯一入选中国工业遗产保护名录（第一批）的工业遗产，顺德糖厂位于顺德区大良街道顺峰社区居委会沙头村，地处德胜河北岸。该工厂由捷克凯达工厂于 1934 年建成，并于 1935 年 11 月正式投入运营，是当时中国最大、也是第一家机械甘蔗糖厂。中华人民共和国成立后，随着国家对制糖的需求不断上升，顺德糖厂的产能与产量不断提升，到 20 世纪 60 年代，生产规模居全国首位。由于国家经济转型以及社会发展需求的改变，2013 年，顺德糖厂全面停产，同年 3 月，其早期工业建筑被国务院批准为国家重点文物保护单位。

　　佛山市禅城区南风古灶（图 5-2）是广东省首个入选国家工业遗产（第三批）的项目，其核心是佛山南风古灶和高灶石湾龙窑主体构筑（包括地基、窑炉炉头、窑室、窑尾、窑棚）。作为国家重点保护文物，佛山南风古灶与同时期龙窑"高灶"均是历代窑改革的定型产物，更是石湾陶瓷生产技术进步的里程碑，具有很高的历史价值、科学价值、社会价值和艺术价值。

　　始建于 1958 年的英德红旗茶厂（图 5-3）2021 年入选了国家工信部第五

图 5-2　佛山南风古灶外景

图 5-3　英德红旗茶厂

批国家工业遗产，它坐落于广东省英德市英红镇秀才水库旁，原隶属于广东省英红华侨茶厂，这个茶厂红茶生产的历史非常悠久，被公认为英德红茶发源地，并奠定了英德现代红茶工艺基础，在英德红茶产业发展历史和技术革命历程中占有重要地位。2019 年以来，广德（英德）产业园结合当地的红茶资源，实现"二一三"产联动的绿色发展产业链，建立了以红旗茶厂为核心载体的中国英红科创小镇，统筹茶文化、茶产业、茶科技为一体，并规划在厂

图 5-4　中山岐江公园

区内打造院士楼、大师园、多茶类研发中心、国潮文化中心、历史展览区、示范性生产区、民宿等功能板块，将其打造成为服务英德茶产业的综合体和重要平台。

岐江公园（图 5-4）位于广东省中山市，一个由旧造船厂改造而成的工业主题公园，是工业遗产保护项目的杰出代表。原为粤中造船厂的旧址，曾是中山市最引以为傲的国有企业。该公园获得了全美景观设计大奖（2002 Honor Award，ASLA），北京大学风景园林学院的俞孔坚教授是该项目的主持人和首席设计师，他和他的团队首先关注的是与自然共生的"足下文化和野草之美"。粤中造船厂作为中山市产业劳动者记忆的一部分，也是城市记忆和城市历史文化的重要组成部分，值得保护和尊重。此外，设计团队在项目改造过程中，始终坚持生态主义立场，立足于原始自然环境的保护，保留造船厂周围的自然植被，尽量减少人工园艺的使用。

二、主要特征

以广东为中心的岭南地区工业遗产发展历程，可以 18 世纪中期为界，18 世纪中期之前，主要是传统手工业、矿冶业等发展期；18 世纪中期广东开埠之后，近代广东省的工业迅速发展，保留了大量的国外资本主义创办的工业遗产和中国民族工业遗产（包括洋务派和实业派）。1949 年之后，国家进行社会主义建设，广东的工业得到恢复与蓬勃发展，尤其是"一五计划"时期的工业遗产，更是弥足珍贵。1978 年改革开放后，随着工业的新发展，也出现了一批高质量的工业遗产，从整体上看，广东省各个历史阶段工业遗产的分布特征主要体现在三个方面：

第一，1860 年以前的工业遗产（包括部分史前遗迹和宋代、明代的工业遗迹），主要是矿物冶炼遗址和传统手工业作坊遗址，以及与手工业发展进程相关联的交通遗址（如桥梁）和与工业发展相关的商业会馆遗址（如锦纶会馆，是旧广州纺织业锦纶行的会馆）。

第二，近代广东省的工业在经过洋务运动以后数量增长较快，集中在清末和民国时期的工业遗产最多，这个时间段出现了许多国外的资本主义工业，如美孚石油公司；也出现了铁路、码头等对工业发展起重要作用的交通运输业。

第三，1949 年以后的广东省的工业建设是全国的缩影和代表，此阶段的工业遗产前身大多为已拥有较高生产水平和复杂生产技艺的工厂企业，如玻璃厂、糖厂、水泥厂、纺织厂，等等。

广东省工业遗产地区分布呈现以下特征：首先，工业遗产沿着珠三角流域呈线状连续分布；其次，在总体上看，广东省工业遗产呈"单核"形态分布，其中广州市的工业遗产数量最多，分布最密集，其次是佛山、中山、东莞和惠州。

第二节　广西地区工业遗产的形成与特征

一、广西工业的发展历史

中国现代工业的种子是在 1862 年洋务运动期间播种的。从 1862 年到 1926 年的 60 多年中国内忧外患，积贫积弱，国家的工业发展极为缓慢。广西地处祖国西南边疆，闭塞的交通，特殊的地形地貌以及落后的经济，使广西处于落后中的落后状态，除了一些原始古老的手工作坊外，甚至连一颗现代工业的种子都没有播种。根据 1935 年的《广西概览》记载："民国十五（1926年），全省仍然没有公营工厂（即政府办工厂），民营亦寥若星辰。"到了1927 年，广西开始有一点工业的萌芽（指官营），到 1933 年，广西工业的全部公营厂只有两广省办的硫酸厂、广西机械厂、广西葡萄酒厂、南宁制作厂等 6 家。梧州有 29 家民营工厂，其中火柴行业最大。南宁市有民营企业 10家，其中大多数为烟草企业。抗日战争前的工业化始于矿业的现代转型，为广西工业化奠定了初步基础，广西军民产业发展也在抗日战争前形成雏形。

据抗战前统计，全国在中央注册的工厂有 3935 家，其中广西只有 3 家。抗日战争爆发后，日寇入侵上海、南京，由于广西地处祖国腹地，相对安全，大批外地工厂迁入广西，为产业技术落后与经济不发达的广西注入了新的血液和活力，极大地促进了各类工厂的建立。全省工厂数量增加到 287 家，这是广西工业在解放前的鼎盛时期。1944 年日本入侵广西后，广西大部分工厂都被丢弃或迁往其他省份和香港。到 1947 年战后，全省只剩下 88 家工厂，其中公营工厂 20 家，民营工厂 66 家，公私合营工厂 2 家。这些工厂全部为轻工业，没有一个是重工业，一直到解放前，仍然保持在这个水平。

新中国成立前广西工业落后的根本原因主要是国民党反动政权的残酷压榨和帝国主义经济掠夺。长期以来，国民党派系林立，内斗激烈，广西也成为国民党军阀盘踞的窝点，军阀混战多年。军阀们为了维持巨额军费开支，滥发钞票、贩卖烟土，关税多如牛毛，民不聊生，政府也无钱开办工业企业。帝国主义国家和反动军阀不但掠夺了广西人民的大量资产，而且还摧毁了广西民族工业。

中华人民共和国成立后，在中共中央领导下，在全国人民的支持下，广西的工矿企业如雨后春笋般相继涌现。工业总产值以年均 13.1% 的速度增长。建立了新兴的产业体系，不仅包括糖烟、纺织、纤维、罐头、造纸、松脂、化学等轻工企业，同时，钢铁、机械、煤炭、冶金、电力等重工业也在不断发展；已经具备生产拖拉机、汽车、机床等设备的能力。为了促进广西经济的发展，国家加快了广西的产业布局，除了重点发展南宁、柳州、桂林、梧州外，各县特别是广大少数民族聚居区的产业建设也取得了显著发展。近 30 年来，壮族地区的产业从无到有、从小到大，钢铁厂、水电厂、化肥厂、农机厂、纺织厂、煤矿等屹立在左右江两岸和红水河畔。"五小"工业遍地开花，中、小型厂矿星罗棋布。

二、形成与现状

（一）南宁工业遗产

在南宁城市发展史上，与人们日常生活密切相关的轻工业占有一定的地位和影响力，偏向于生产衣食住行层面的产品，没有像柳州那样发展重工业。在南宁的北湖路上，集中了荷花味精厂、南宁手扶拖拉机厂、南宁棉纺织厂、南宁卷烟厂等国营工厂。有曾经生产"万力啤酒"的南宁啤酒厂，还有南宁平板玻璃厂、南宁罐头厂，等等。工业遗产是文化遗产的一部分，是一个城市宝贵的文化财富。作为广西的省会，南宁的城市发展史上留下了大量的厂矿旧址、机械设备、附属设施等工业遗迹，这些工业遗存真实反映了南宁在特定历史时代的经济发展轨迹。城市更新往往在工业发展缓慢或者薄弱的地区发展得更快，随着工业薄弱的南宁市逐渐走上发展的快车道，对其工业遗产抢救性保护工作的紧迫性显得尤为突出。

笔者通过调查发现，无论是正常生产还是停产的工厂，大多数都没有产品样本、书籍资料、音像制品以及与企业历史相关的记录和文件，这些工业遗产中非物质文化的内容缺失，说明了企业只注重生产而不注重纸质文件管理，特别是产品样本只有正在生产的产品，而没有能够反映生产历史的产品样本，只能零碎地从客户那里收集，缺乏系统性和连贯性，无法反映工厂产品生产的发展过程，这对遗产保护是非常不利的。（参见图5-5、5-6、5-7）

图 5-5　南宁棉纺厂水塔

图 5-6　南宁万力啤酒

百益·上河城创意街区，位于南宁市江南区亭洪路45号，是由原南宁绢纺厂闲置旧址厂房建筑改造而成的文化创意园区。南宁绢麻纺织厂始建于1965年，是上海援建的绢纺企业，1985年前后，南宁绢纺厂的职工一度达到4千多人，与广州绢麻厂、株洲麻纺厂等企业并列为全国六大苎麻纺织工厂。20世纪90年代以后，由于产品跟不上市场变化，1996年，宣布破产，南宁绢纺厂退出历史舞台。

图5-7　南宁手扶拖拉机厂

　　该园区以绢纺厂旧建筑为载体，秉承"存表去里、整旧如旧、翻新创新"的设计理念，将其改造成集文化创意园区、工业文化长廊、展览演艺、非遗生活馆、特色餐饮小剧场、艺术酒店、音乐酒吧、创意零售等于一体的情景式文化体验创意街区，以24小时开放的形式塑造一个注重场所精神的开放式创意街区，是潮玩、潮购、潮食、潮拍网红打卡圣地和夜游景区，实现"工业锈带"到"生活秀带"的转变。目前，百益·上河城获得国家AAAA级景区、自治区众创空间、自治区文化产业示范园、南宁市现代服务业集聚区、自治区创业孵化示范基地等荣誉认定，2020年荣获广西十佳夜游景区首位。

图 5-8　百益·上河城 涂鸦水塔

图 5-9　百益·上河城 工业文化长廊

（参见图 5-8、5-9）

（二）柳州工业遗产

柳州这座文化名城具有 2100 多年的历史，是广西的工业重镇，工业遗产十分丰富。柳州从古代原始手工业到现代工业的兴起，经历了一个漫长的发展过程。柳州工业尤其是军工企业和机械工业在中华人民共和国成立前夕就已具有一定规模。中华人民共和国成立后，在中央和自治区政府的支持下，柳州人民自力更生、艰苦创业，把工业发展作为当地经济的重点产业，在较短的时间内，逐步使工业在当地国民经济中占据主导地位。经过几十年的艰苦奋斗，柳州已发展成为广西最大的工业城市，也是中国西南地区重要的工业城市。20 世纪 50 年代以来，柳州的工业产业门类呈多元化发展，有着丰富的工业历史文化遗产，其中包括柳州乃至广西机械工业的鼻祖——柳州机械厂，以及建于 20 世纪 40 年代，在抗日战争中发挥了重要作用的柳州铁桥；还有联华印刷厂旧址、柳州空压机厂、电灯公司旧址、柳钢 1—3 号高炉、柳州冶炼厂、木材厂礼堂车间、柳州电厂、柳州水泥厂、第三棉纺厂厂房车间和柳州铁路局旧址等各个不同时代的工业遗迹，具有重要而丰富的文化价值，同时也反映了柳州市作为桂中商埠和西南交通枢纽的重要地位。改革开放后的 20 世纪 80 年代，柳州的轻工业、机械制造、日用化工、电器制造、建材、造纸等方面发展迅速，有两面针牙膏、都乐冷柜、双马电扇、金嗓子喉宝、华力电器、柳州五菱汽车、柳州工程机械等一系列在全国具有一定知名度的产品，这些产品的厂家作为工业遗存已成为不可再生的文化遗产，见证了柳州城市发展的历史。

据调查统计，柳州市工业遗产分布广泛，类型丰富多样，有许多保存完好的办公楼、宿舍、车间、工厂、生产线和生产设备等，具有一定的历史、社会、艺术、技术和文化价值。然而，由于各种原因，一些工业遗址没有及时界定为文物，所以没有得到重视和有效保护，致使它们逐渐在城市中消

图 5-10 柳州空气压缩机厂历史照片

失，实在是一种损失，因此，开展相应的保护工作十分重要和紧迫。

2021 年，柳州空气压缩机厂（简称柳空）项目入选第五批国家工业遗产。柳空始建于 1958 年 3 月，是广西"二五"时期重点项目之一，厂址位于柳州市柳北区。柳空的建立及发展历史，积淀了厚重的工业文化及其企业精神，奠定了广西重工业的基础和长远发展的框架。此次入选第五批国家工业遗产名单的"柳州空气压缩机厂"包含生产车间、影剧院、生产线、设备等18 大核心物项，涵盖了历史、社会、技术、审美及经济方面价值。

"柳空"老厂区保存完整且富有鲜明时代特色的生产车间、建筑（构筑物）以及机械设备、生产流程等，及轴线突出、斜向方格网肌理清晰的空间格局，红砖风貌为主、灰白色调为辅的车间厂房等遗产形态，集中反映了我国西南地区在新中国成立初期的工业建设发展历程，具有重要的历史文化价值，对中国工业原生产布局研究有不可替代的重要意义。（参见图 5-10、5-11）

图 5-11 柳州空气压缩机厂车间

图 5-12 柳空文创园

2018 年起，在柳州市委、市政府的部署下，柳州市文旅集团负责"东方梦工场——柳空文创园"项目整体开发建设，全面对柳空老厂房旧址进行活化改造。柳空文创园位于柳北区北雀路 129 号，项目以原柳空旧厂区工业建筑与工业肌理为基础，通过搭建"文化产业＋创意经济＋旅游经济"跨界融合的新型文化产业平台，将其建设成为集休闲观光旅游、艺术生产、艺术培训、动漫影视为一体的文创产业园区。园区分布六大功能区，主要有文创产

图 5-13　柳空影城

图 5-14　东方梦剧场

业孵化区、文化艺术体验区、梦工场创意演艺区、主题酒店区、创意商业体验区及公园绿地区等。（参见图 5-12）

　　其中柳空影城原名柳空电影院（图 5-13），始建于 1970 年，是柳空文创园内一座历史建筑，拥有广西最大的巨幕厅，规划将打造成广西最大的影城。东方梦剧场（参见图 5-14），建筑设计延续了原结构车间旧厂房风格，通过保留与变化，在历史痕迹中寻找现代对比，凸显工业与表演特色主题，是一个体验柳州工业文化、民俗文化的窗口，剧场接待大厅还兼具游客中心功能，为游客提供优质服务。

石尚 1966 文化创意产业园（图 5-15）由成立于 1966 年的原柳州电子管厂破产改造而成，在改造中尽量保留了旧建筑、老环境的原始风格特征，根据新的功能需要对建筑内部空间进行了全面改造，使园区既有工业历史文化底蕴，又有现代时尚风情，这片工业遗迹成为了新的文化景观。园区内建设有包含石尚明清铜炉博物馆、书画博物馆、艺术博物馆在内的博物馆集群区。

图 5-15　石尚 1966

（三）桂林工业遗产

桂林山水甲天下，这座城市因山水之美而闻名于世，其工业成就也值得骄傲——设计了中国第一套光纤室外试验系统、第一台海用雷达、第一台（套）特高压电力电容装置，橡胶工业、电子工业产值曾一度占据广西工业总量的三分之二以上。工业积淀的深厚也为桂林留下了宝贵的工业遗产，这些遗产具有独特的工业美学价值，记录着城市的发展历史，反映了城市的文脉特色，为桂林的景观增添了鲜艳的色彩，是解读桂林城市文化历史的重要物质载体。

桂林历史上曾出现过三次工业发展高潮。第一个高潮是在民国时期。那个时代，军阀盘踞，社会动荡，桂林工业基础很薄弱，除了电力厂和机械厂外，没有其他公营的大工厂。民营工业也不发达，较大规模的只有广宜安机米厂、民生木机纺织厂两个。抗日战争爆发后，作为当时全国抗战的大后方，大批北方企业迁往桂林，成为桂林工业化的起点。1964 年开始，国家启动大小"三线建设"，作为"三线建设"的重要基地，桂林开启了工业建设的第二次高潮。"三线建设"是中国新经济史上一次极大规模的产业转移过程，桂林南药、桂林量具厂等一批企业迁入桂林，同时，电科所、激光研究所、曙光研究院等一批国家布局的科研院所工业发展迅速，桂林工业首次创造了辉煌。第三次发展高潮在改革开放后，燕京漓泉、桂林三金、福达等一批企业快速崛起，为桂林经济社会发展作出了重要贡献。

工业产业集聚的深入，为桂林留下了大量的工业遗产。位于芦笛路 8 号的桂林电子衡器厂旧址，随着企业转型、改制等一系列政策的执行，桂林电子衡器厂也完成了它的历史使命，但旧厂址并没有拆除，而是采用政府与企业合作的形式，对废旧厂区按照修旧如旧、建新如旧的原则进行改造，建成了一个以文创孵化教育、科技孵化为核心的新型产业园——桂林智慧谷文创产业园微企孵化器（简称桂林智慧谷）。（参见图 5-16、5-17）

始建于 1958 年的瓦窑电厂，虽然早已完成了它的历史使命，但是它记录了桂林电力工业发展史，为桂林市的经济发展作出过重要贡献。如今这座老电厂并没有完全退出历史舞台，而是入选了 2018 年 5 月桂林市政府颁布的《2017 年桂林市中心城区历史建筑名录》中 21 处现代建（构）筑之一，桂林瓦窑电厂旧址作为唯一的工业建筑位列其中。（参见图 5-18、5-19）

（四）梧州工业遗产

梧州工业遗产的形成是和其工业发展相适应的，总体上说，梧州工业遗产保护得不是很理想，只有梧州松脂厂 2019 年 4 月入选"中国工业遗产保护名录"（第二批）。梧州松脂厂位于广西梧州市长洲区西堤路、万秀区西环路 69 号，始建于 1946 年（民国 35 年），是中国第一家蒸汽法脂松香生产企业，是中国第一家出口松香企业，生产了中国第一箱机制松香；第一家向国外出口林产化工的技术装置，实现了由接受外国技术援助到对外国进行技术援助的转变；为我国南方松香工业培养输送了大批技术骨干；设计制造了中国第一座连续蒸馏塔，实现了松香生产连续化；是国内品种最齐全、规模最大、科技含量和附加值最高的脂松香生产企业，也是世界规模最大、出口量最大的脂松香生产厂家。

图 5-16　桂林智慧谷

图 5-17　桂林智慧谷游客中心

图 5-18　桂林瓦窑电厂文保碑

图 5-19　桂林瓦窑电厂烟囱

（五）合山工业遗产

　　合山市是广西壮族自治区下辖县级市，隶属来宾市，是广西最大的能源生产基地，素有"光热城"的美誉。合山盛产煤炭，有"广西煤都"之称，建有广西最大的火力发电厂。自 1905 年开始于合岭山打下"广西第一口煤矿井口"以来，合山已经有 100 多年的采矿历史；然而，历经百年的不断开采，跟所有的能源型工业一样，合山煤矿也面临资源枯竭问题，不断地减产、关停。合山在 2009 年也被列入国家第二批资源枯竭型城市而被迫进行经济转型

图 5-20　合山煤矿

图 5-21　合山国家
矿山公园

和城市更新。2014 年 7 月合山煤矿关闭停产合山市最后一个大型矿井。合山煤矿丰富的煤炭开采遗迹、工业发展文化和民俗文化底蕴深厚的矿山开采历史，是见证广西工业发展史活的历史教科书，2021 年 11 月 30 日，被工业和信息化部列入第五批国家工业遗产名单。（参见图 5-20）

　　2010 年 5 月国土资源部批准合山煤矿为第二批国家矿山公园，2011 年 11 月，正式启动总投资约 1.2 亿元、占地面积约 400 亩的广西合山国家矿山公园建设工程。公园的主题为"百年煤都和乐之国"，以"记录百年矿史开拓工业旅游"为理念，以连接东矿和里兰矿 28 千米观光小火车为轴线，将整个合山区域贯穿起来，展现了采矿遗迹景观、遗址探险等旅游风貌。（参见图 5-21）

　　在整个 18.3 平方千米的矿山公园范围内，有着类型丰富的矿业遗产，且各类遗迹体系完整、保存完好，具有稀有、典型、科考价值高的特点，为建立国家矿山公园提供了雄厚的资源基础。通过参观、游览矿山公园，能够再现合山采煤各个历史时期的发展变化，普及煤矿的勘查、开采历程以及各种相关的采煤设施等科普知识；促进人们提高生态环境和地质环境的保护意识。（参见图 5-22）

图 5-22　合山国家矿山公园煤仓

第三节　港澳琼地区工业遗产的形成与特征

一、形成与发展

（一）香港工业发展

　　纵观 20 世纪，香港工业经历了起飞、兴盛、衰落，其发展与本地及全球政治经济事件有密切关系。香港由小渔村变成国际大都会，工业扮演举足轻重的角色。

图 5-23　香港太古糖厂历史照片

图 5-24　1930 年香港鲗鱼涌太古船坞历史照片

20 世纪初，香港工业萌芽。香港的制造业由 20 世纪初开始慢慢发展起来，中小规模的华资企业亦相继诞生，但是香港早期工业多属英资，太古糖业为其中之一，1881 年成立，1884 年炼糖厂正式投入生产。1930 年的鲗鱼涌太古船坞是当时远东最大的船坞，造船、修船是香港战前的重要工业。（参见图 5-23、5-24）

20 世纪 20—30 年代，香港迎来二战前工业发展的第一个高潮。香港工业逐渐打破西方人的主宰局面，华资企业后来居上，占据了轻工业产业的主

图 5-25　20 世纪前期香港的广告

导地位。纺织业开始萌芽并出现极大增长，一些低技术和劳工密集、以出口为导向的轻工业涌现，如胶鞋、手电筒、五金用品和搪瓷用品等。（图 5-25）

1937—1941 年，香港工业发展进入第二个高潮。1937 年中国抗日战争爆发和 1939 年欧洲战争爆发，以及香港实施了联邦特惠税制，为香港工业发展提供了新契机。在抗战期间，上海、广州、武汉等城市相继沦陷，大量企业家携资南下香港，或者直接将原厂整体迁入香港或开办新厂，极大促进了香港工业的发展。这一时期香港很多工厂根据市场需要主动转产军需品，供应本地政府及大陆，同时也出口欧洲各国，既支持了祖国抗战和世界反法西斯斗争，又极大促进了企业本身的发展。二战以后，由于大量军舰和其他船只的沉没，打捞上来的沉船都是高质量的钢材建造的，一时间，拆船公司从葵涌到九龙湾、从观塘到将军澳遍布。有的厂家把废钢卖到海外做钢铁原材料；有的则是直接卖给香港本地的工厂制作产品。到了 20 世纪 50 年代，香港的拆船业务发展到顶峰，连美、英军都将不要的战舰送到香港进行拆卸销毁。（参见图 5-26）

20 世纪 50 年代，抗美援朝战争，联合国对中国实施禁运，一向依赖转口贸易的香港深受影响，

图 5-26　香港拆船业历史照片

于是寻求发展工业。就在这个生死攸关的时刻，敏锐的香港人发现，劳动密集型企业已经不能引起西方的兴趣，而整个国际市场又特别缺乏轻工业制品。于是，香港人开始以纺织业为突破口，发展轻工业，随着纺织业的发展，制衣业也扶摇直上，纺织业和制衣业很快占据了香港的出口贸易总额的半壁江山。

20世纪50—60年代山寨厂开始兴起，这类小型工厂以低技术的制造业为主，如织假发、车衣、剪线头、装嵌、串胶花等，多以家庭式经营。随着香港纺织业的迅速发展，制衣业被带动起来，塑胶业和电子等亦逐渐发展，推动香港经济另一次转型。

20世纪70—80年代，香港工业由盛转衰。全盛期，制造业占到本地生产总值约三成，就业人数占全港四成半，"香港制造"成为国际认同的"品牌"。不过好景不长，20世纪70—80年代，内地改革开放提供一系列优惠政策，港商纷纷将厂房移迁至珠江三角洲，留总部于香港，香港工业亦渐趋式微。（参见图5-27、5-28）

图5-27 香港现代工业

图5-28 香港元朗工业村

图 5-29　澳门博卡罗大铜炮

图 5-30　澳门卜加劳铜炮

（二）澳门工业发展

澳门工业历史悠久，但发展缓慢，真正意义的现代工业从 20 世纪 60 年代才开始发展起来。到 20 世纪 70 年代，澳门工业发展速度加快，80 年代进入全盛时期，成为澳门四大经济支柱之一，到 90 年代初，开始出现放缓现象。

早在三百多年前，澳门最负盛名的是铸炮业和帆船制造业；在近一百多年间，神香、爆竹、火柴等手工业因地制宜地发展起来，产品远销东南亚及欧美各国，曾经一度成为澳门的主体工业。17 世纪澳门的火炮铸造能力不仅在远东毫无敌手，在全世界也是较强大的，著名的铸炮厂有卜加劳铸炮厂、博卡罗铸炮厂，都是来自葡萄牙的世界级铸炮厂。（参见图 5-29、5-30）

爆竹业曾经是澳门三大传统手工业之一，原本爆竹厂多设在澳门半岛地处偏僻的台山区，这个地名也是因为台山爆竹厂而来，后因发生死伤数百人的特大爆炸事故被勒令迁往氹仔。当时在氹仔最早开设的是世广兴泰，其后

图 5-31　澳门爆竹业历史照片

图 5-32　澳门益隆爆竹厂旧址

谦源、光远、广兴隆、益隆及谦信等相继开厂经营，产品远销美洲及东南亚各地，成为当时澳门工业发展的龙头产业。（参见图 5-31、5-32）

几个世纪以来，澳门的核心产业是航运业。20 世纪 50 年代，澳门的造船业达到顶峰，当时该地区有近 30 家造船厂（参见图 5-33），但到了 20 世纪 80 年代，随着澳门产业经济结构的调整变化，造船业急剧下滑。自 2006 年以来，这里的造船厂再也没有制造过新船，至少没有全尺寸的新船。如今，除了少数几艘游船，曾经点缀在澳门和邻近香港海岸的木船已经不复存在。（参见图 5-34、5-35）

20 世纪 30 年代，澳门开始出现织造工业，是一种使用木机进行生产的手工劳动，家庭式经营，规模很小，生产毛巾、线衫及粗布等低级产品，这是澳门织造工业发展的雏形。20 世纪 50 年代中期，小规模的胶鞋厂、搪瓷厂、手套厂、小五金厂相继出现，不少工厂采用半机械化的生产方式，产品种类多了，生产技术也有了进步。20 世纪 50 年代末到 60 年代初期，澳门工业出现新的变化，家庭式手工作坊毛织业发展到工厂生产，制衣厂的设备逐步电动化，进一步提高了生产力，增加了产量；假发工业和胶珠刺绣工业在短时间内有数十家工厂投产，发展相当快，但由于受原料供应的影响，以及产品不符合市场需要，数年后便趋于式微；20 世纪 60 年代后期，为适应

图 5-33 曾经辉煌的澳门造船业历史照片

图 5-34 澳门荔枝碗新鸿号船厂

图 5-35 澳门荔枝碗废弃的船厂

澳门毛针织业发展的需要，首家毛纺厂建成投产，奠定了澳门毛纺工业的基础。在此期间，澳门工业品市场逐步扩大，打进欧洲、北美市场。受西方经济发展的刺激和香港经济繁荣的推动，澳门地区政府逐步实施对外开放政策，吸引香港商人和外商投资澳门，推动了20世纪70年代澳门工业的新发展，被称为"小飞跃"。服装业和毛纺业发展迅速，电子、塑料、人造花卉、玩具和建筑材料等新兴产业开始涌现。自1976年以来，澳门工业一直处于蓬勃发展的状态，特别是70年代到80年代，内地新移民大量涌入澳门，成为澳门廉价劳动力的主要来源，劳动力成本的降低，带动了澳门整体经济的繁荣。由于经济环境的改善，在80年代，商人们投资开设了如生产钢琴、露营帐篷、牙科配料、珠饰、首饰、磁带、骑具等新的工业项目。20世纪80年代中期，澳门工业达到鼎盛，有工厂2700家，产值占全澳门总产值的37%，它已成为澳门经济中最大的产业和澳门外汇收入的主要来源。20世纪80年代末，澳门工业竞争力随着内外经济环境的变化不断下降，出口加工业增长停滞，甚至呈现萎缩状况。为了促进本地工业的发展，澳门地区政府又制定了一系列优惠政策，并制定了新的对外贸易法和工业法以及推动工业步向多元化的税务鼓励法令。

进入20世纪90年代后，澳门工业的增长率逐渐下降，甚至逐年出现负增长。工业在澳门国内生产总值（GDP）中的比重也大幅下降，退居于旅游业和博彩业之后，工业不再是澳门最大的支柱产业。澳门工业迅速衰落的根本原因是劳动密集型轻纺产品出口加工业的竞争优势逐渐丧失。由于澳门旅游业和地产业的快速发展，使澳门工资上涨，生产成本上升，澳门工业进入了由劳动密集型向高科技产业发展的转型时期。澳门"特别行政区政府"允许本地企业将部分工序及有关的生产转移到祖国内地，而在本地发展技术含量高、产值高的高技术、新技术、高产值工业。随着工序、产业的外移，澳门工业日渐萎缩。虽然澳门工业近年来的发展不尽如人意，但是其在澳门经济中仍具有举足轻重和不可取代的地位。以出口加工业为主体的外向型工业，容纳8万多劳动力，解决了澳门一半人口的生活。纺织品、成衣、玩具、电子产品、皮革制品等加工出口换取大量外汇，有助于澳门金融稳定，并带动了其他行业的发展。

（三）海南工业发展

海南古代工业主要为手工业，历史悠久，有其资源特色。据《海南省志·交通志》记载，明代时期，广东造船中心之一就包括海口；并且，海口在清雍正五年（1727年）和嘉庆十八年（1813年）两次被定为广东十大船舶修造中心之一；海口船厂负责修造海安营、雷州协水师营的战船。[①] 亦有史料记载，清代，海口水师营设立的战船修造厂是当时广东四大造船厂之一。20世纪50年代后期兴建的三联造船厂、三亚船厂、海口渔船厂，都有修造100

---

① 　梁振球总纂：《海南省志 第九卷·交通志》，海口，海南出版社，2010。

图 5-36 《中国船谱》记载的海南缝合椰子船

图 5-37 海南临高大崀村造船厂建造的船舶

吨级以下木质船的能力。20 世纪 60 年代，海口渔船厂纳入国营后，曾经有一段时间获得了较大的发展，但由于厂址所位于的海口长堤一带河面狭窄，航道日益淤浅，限制了造船吨位，20 世纪 70 年代以后，船厂的生产能力日渐减退。改革开放后，国家限制采伐，保护森林，再加上资金短缺、原材料涨价，船厂无法继续生产。从 1980 年到 1984 年，海南国营、集体船舶修造企业，基本上先后停止生产。有的转产制造一些机帆渔船、木质农船或进行船舶维修，或制造渔业机械、渔具和家具。（参见图 5-36、5-37）

海南的采矿业也具有悠久的历史，比如石碌铁矿很早就被海南先民发现，记载最早的是明崇祯二年（1629年）的《昌化县志》，至今已有将近四百年的时间。近代，尤其是中华人民共和国成立之后，《中国矿床发现史——海南卷》记录，海南西部发现了大量的矿藏，比如，天然气储量达到2000亿立方米的莺歌

图 5-38　海南石碌铁矿

图 5-39　海南三亚金矿石破碎现场

海盆地；再如，储量巨大的儋州市长坡褐煤、油页岩等。[①]海南金矿主要位于乐东、昌江、东方一带，地矿专家指出，海南属西环太平洋金矿带中部，金矿成因类型繁多，潜力巨大。2008年，据海南省地质矿产勘查开发局（下称省地矿局）了解到，历经20年的勘查实践与综合研究，海南省在琼西南地区戈枕、抱伦和王下一带探获金资源储量158.26吨，远景资源量510吨。其中琼西南王下地区发现两条金矿脉带，是具有很好找矿前景的金矿勘查开发新基地。（参见图5-38、5-39）

1950年5月海南岛解放后，海南工业获得了新生。中共十一届三中全会之后，尤其是海南建省办特区之后，随着经济改革的不断深入，海南工业进

① 《中国矿床发现史·海南卷》编委会编：《中国矿床发现史·海南卷》，北京，地质出版社，1996。

图 5-40　海南西海岸工业园区

入了新的历史发展时期，到 20 世纪 80 年代末已形成轻工业有一定基础，有一定重工业基础、门类配套较全的格局，外向型经济跨出了新的步伐，高新技术应用有了突破性发展，工业生产规模扩大，工业化进程不断加快，海南工业由计划商品经济转轨生产建设向现代化迈进。（参见图 5-40）

二、现状与发展

（一）香港

香港的工业遗产有其自身的特点，工业规模小、机械设备简单，属于劳动密集型制造业生产基地。由于香港工业发展变化与祖国内地对外开放政策密切相关，在研究和评估香港工业遗产时也需要考虑到地缘政治的因素。虽然现在看来，香港的主要经济并不在工业制造上，但是从历史的角度看，香港的制造业曾经对于香港的经济社会发展作出了巨大贡献，不能否认其历史价值和文化价值。

香港没有把工业遗产纳入文化遗产的范畴，香港一度是一个经济发展至上的地区，城市历史和遗产都要让位于城市的经济发展以及更多的现实需求。香港地少人多、空间稠密，可利用土地资源非常少，在遗产保护的过程当中，面临的现实矛盾比较突出，需要考虑和解决的问题也很多，这也造成了香港政府对于"文化遗产"的定义相对狭隘，导致了一些具有重要历史价值的工业遗产遭到破坏，因此需要采用新的价值评估标准。研究香港的工业遗产不仅包括本地工业遗产，还应包括工商业遗产与整个大湾区的工业化遗存，因此需要站在一个更高的维度超出地理和地域概念，在更广阔的时空背景下去研究香港工业遗产。研究已处于后工业化时代的香港，探讨其在工业遗产保护上存在的问题，能够对我国其他地区的工业遗产保护提供借鉴，尤其是对于一些潜在的工业遗产保护具有重要价值。例如"香港九龙面粉厂"（参见图5-41），是1966年由泰国华侨林国长创办，是香港现存唯一一家面粉厂，迄今仍保持运营。厂房西侧建有数个圆柱筒仓，可以储存一万吨小麦，筒仓上"九龙面粉厂"大字为香港书法家区建公作品。作为仍在运营中的工业遗产，"九龙面粉厂"已经成为了九龙的地标之一。

图 5-41　香港九龙面粉厂

图 5-42　香港横澜岛灯塔

香港的历史建筑是分级制，在所有一、二、三级共 952 幢历史建筑中（截至 2013 年），工业建筑遗产少之又少，大量工业遗产建筑处于"散养"状态，甚至还很少有人对这些工业遗产建筑进行系统化的田野考察，现状堪忧。目前香港特别行政区最著名的工业遗产是横澜岛灯塔（参见图 5-42），位于香港特别行政区蒲台群岛横澜岛澜尾，始建于 1893 年，2019 年 4 月 12 日入选《中国工业遗产保护名录（第二批）》。是我国 8 座被列为世界历史文物灯塔（共 100 座）之一；采用先进讯号灯照明技术，是当时在亚洲水域内两座最先采用这种先进设备的灯塔之一；由清海关总税务司聘请巴黎 Barbier & Co. 公司建造、启用和管理，取代了英国于香港岛东南建造的鹤咀灯塔的功能。

（二）澳门

澳门由于特定的政治、历史背景，工业也并不是澳门发展史中的支柱产业，因此，将发展博彩业和世界文化遗产旅游作为其第三产业的支柱，并不重视工业遗产的保护和再利用，工业遗产所剩不多，但路环由于远离本岛，还保留着老澳门的风貌和较完整的工业遗产。

近年来，澳门工业遗产的历史价值以及保护和再利用的方式逐渐引起各界的共同研究和探讨。而对未列入文化遗产保护名录的老工业建筑和遗址，例如妈阁庙一带的渔船码头及其附近的屠宰场、内港的码头仓库、马交石区的电力供应厂、路环荔枝碗船厂、氹仔益隆爆竹厂等，它们充分反映了澳门不同的历史发展进程中的历史风貌，影响了澳门一代人的生产、生活、社会变迁以及城市景观的塑造，具有特殊的历史价值和经济潜力，但是，由于澳门城市的快速发展，博彩与旅游成为澳门的支柱产业，澳门"特别行政区政府"缺乏对工业遗产正确的价值评估、合理的功能定位，也没有采

图 5-43　澳门东望洋灯塔

取适当的保护和再利用方法去保护，因此，许多传统的工业历史建筑及其环境受到了严重威胁，由于澳门"特别行政区政府"没有积极对工业遗产进行政策上的保护管理指导，在实践中难以平衡工业遗产保护的真实性、安全性和可用性。

建于1864年的澳门东望洋灯塔（参见图5-43）是澳门唯一被列入《全国工业遗产名录（第二批）》的工业遗产，该灯塔是由土生葡人加路士·维森特·罗扎所设计，它有150多年的历史，是中国沿海地区最古老的现代灯塔，最初只是靠一盏火水灯发光，1874年，灯塔因风暴受损，1910年6月29日经过重修后重新启用并转为电气化运作，至今基本上保持原貌。东望洋灯塔为白色，带着黄色的线条点缀。灯塔建筑为一圆柱形结构，底部直径为7米，往上收分为5米，内部共分3层，有一回旋梯连接垂直空间。塔顶上有射程16海里的巨型聚光灯，总高度15米。灯塔旁边的圣母雪地殿教堂，具有17世纪葡萄牙修道院风格。今天，灯塔已经有了现代照明系统，仍然为航海服务。由于其海拔高，灯塔还用于提高台风信号灯、向公众传播风暴消息。目前灯塔已成为旅游景点，游客在灯塔顶部可以欣赏澳门全景。

澳门造船业历史悠久，可以上推几个世纪。20世纪60年代以后，澳门本岛的大部分造船厂迁移到路环荔枝碗村，现共遗留厂房遗址18间，主要以铁皮、木构搭建为主，大部分年久失修。路环的荔枝湾村不仅保留着澳门最

完整的造船业遗址，南部还保留着19世纪以来的渔村村落。2013年澳门特别行政区政府提出了荔枝碗船厂（参见图5-44）保育活化计划，规划将船厂旧址活化改

图 5-44　澳门荔枝碗船厂遗址

建成造船展览馆和市民休闲空间，使游客以及澳门市民更好地了解澳门造船业的发展历史，同时也希望借此发展路环的旅游业。遗址拟分 4 个区，有船厂展示、造船工艺博览、餐饮、文创、兴趣班、住宿等元素。

（三）海南

海南的工业历史悠久，但由于综合原因，工业遗产保护与活化并不理想，大部分工业遗迹处于自然消逝的状态。近些年当地政府已经意识到工业遗产的存在价值，正在不断调研、评估，加大保护力度。根据海南省自然资源和规划厅组织的全省历史建筑摸底普查，截至 2021 年，权属明晰、保存良好、历史价值高的海南省历史建筑，全省共公布 444 处。在本次海南历史建筑的普查与挖掘过程中，站在了更高的历史维度和更宽阔的保护范围，包含了更多的代表不同历史文化内涵、不同类型的建（构）筑物。在公布的历史建筑中，除了骑楼等传统建筑遗产，还包括了儋州市长坡糖厂、乐东莺歌海盐场盐库库房群（参见图 5-45）、乐东腰果综合加工厂、乐东莺歌海盐场发电厂等具有海南产业特色的工业遗产，这在历史上是没有的，为今后工业遗产保护奠定了政策和法律基础。

位于琼州海峡西口临高角灯塔（参见图 5-46）和海口秀英灯塔（参见图5-47），建于1894 年，是法国人为了从海上入侵中国而修建，是海南最古老

图 5-45　海南乐东莺歌海盐场盐库库房群

图 5-46　海南临高角灯塔

图 5-47　海南海口秀英灯塔

的两座灯塔，也是海南岛西北部的重要航标。1997 年 5 月，临高角灯塔被国际航海标志协会列为"世界 100 座文物灯塔之一"，2019 年入选《中国工业遗产名录（第二批）》。临高角灯塔高 20.6 米，灯高 20.8 米，宽 1.88 米，射程 18 海里。它由钢结构制成，周围有 350 根钢杆支撑。从临高角灯塔开始，海南陆续建了 19 座灯塔，就像 19 颗珍珠镶嵌在海南这个宝岛上。临高角古

图 5-48　海南石碌铁矿

灯塔入选了国家邮政局发行的"历史灯塔"邮票中。

　　海南石碌铁矿（参见图 5-48）的历史非常悠久，最早有记载的时间可以追溯到明崇祯二年（1629 年）的《昌化县志》上，至今已有将近四百年的时间。考证"石碌"起源，可以追溯到清乾隆四十七年（1782 年）在此大山地表发现了呈孔雀石类型铜矿，故后改称"石碌岭"，因石碌铁矿地处境内，故名。[①] 但是真正大规模开发挖掘，应该是 1939 年日本侵略到海南的时候，为了疯狂掠夺中国资源，日本人逼迫当地人掠夺式开发石碌铁矿，并通过修建的铁路和海路运往日本。石碌铁矿探测于 1935 年，始建于 1939 年，因其储量大、品位高，曾被誉为"亚洲第一富铁矿""宝岛明珠，国家宝藏"，储量约占全国富铁矿储量的 71%，品位居全国第一，是中华人民共和国最重要的铁矿石生产基地之一，为武钢、包钢、鞍钢、太钢等 70 多家钢铁厂商输送了大量优质铁矿。尽管如此，石碌铁矿也难以支撑几百年来的开采，尤其是日

---

① （清）方岱修、（清）璩之璨重修：《康熙昌化县志》，北京，方志出版社，2016。

本人侵略海南时期不计后果地疯狂开采，给铁矿造成了不可弥补的极大破坏，随着地表浅层矿石已基本开采完，露天采矿厂于2017年8月资源已基本挖完，地下的矿产资源储量不多，石碌铁矿走到了尽头，其所在的昌江黎族自治县已成为一个资源枯竭型地区。

2017年12月，国土资源部正式批准海南石碌铁矿国家矿山公园第四批国家矿山公园资格；2019年4月，入选《中国工业遗产保护名录（第二批）》；2019年9月，海南省委省政府为持续实施海南生态立省发展战略，整合矿业遗迹保护开发的经济效益和矿山环境修复的生态效益，编制了《海南石碌铁矿国家矿山公园总体规划（2018—2030）》，并向全社会予以公示。该规划将为促进产业转型、提振地方经济发展提供有力指引；为保护矿山遗迹、展示工业历史、彰显地方特色、传承地域文化提供科学依据；同时也为把控建设节奏、实现有序开发提供长远谋划。

第四节　三线建设工业遗产

一、三线建设历史背景

20世纪60年代，基于国家战略安全的考量，三线建设布局选址和建成环境的基本特征是"靠山、分散、隐蔽（进洞）"。根据这一原则，大多数三线建设工厂和矿山选址要贯彻执行靠山、近水、扎大营和搞小城镇的方针，往往在不适合使用甚至极端土地利用的环境中生活和生产。虽然这样的选址政策容易造成投资过大甚至于浪费的问题，但是在安全至上的原则下只能做此选择。当然，从另一个角度讲，这样的选址政策在一定程度上积累了在极端恶劣条件下因地制宜的建设经验与教训。它是我国人与自然和谐发展自我探索的实践模式，是特定时期群体生产生活方式及其形态的呈现。

从我国产业发展史看，三线建设整体布局，特别是为了解决原材料和产品运输及技术人员流动等问题，提前进行了铁路和公路等基础设施建设，用交通线将钢铁、石油、汽车等以及其他军工企业串联起来，构筑了完善的交通大动脉，形成代表特殊政治时代与社会背景下的文化线路。这一时期，大量新兴产业城市和城市集群应运而生，推动了城镇系统沿着铁路线方向的快速演进。通过沿线城镇分工、合作、密切联系，带动了区域经济、文化、社会生活的全面腾飞和城市跨越式发展，并持续至今，深刻影响了我国城市化进程，作为我国社会主义城市建设探索的重要案例，是城乡建设的重要遗产。

随着国际形势的巨变，国家经济转型，当年蓬勃发展的工厂经历了或关停、或改制、或迁移、或分解的阵痛，虽然三线工业时代已经渐渐远去，但三线工业文化遗产已成为我国重要而宝贵的工业遗产，那些留存在三线企业遗址上的大量被闲置或废弃的厂房、设备设施及生活区建筑等，是中国特殊年代的历史记忆，是在极其艰苦的条件下自力更生、艰苦创业的历史见证，是三线精神文化的载体。对三线工业遗产的研究，不仅有利于保护我国现有的三线工业文化遗产，同时，对其他工业文化遗产保护的研究也可以提供重要的指导和参考意义。

二、三线建设工业遗产的特征

（一）宏观特征

三线建设贯穿于中国三个五年计划的国民建设中，凝聚着几代三线人的锦瑟年华，熔铸了一部共和国的创业奋斗历史，更是时代的记忆。[1] 在我国国家发展和民族复兴的进程中，具有里程碑式的重大历史意义。从宏观上看，现有的三线工业遗产呈现出以下特点。

1. 与旧中国产业发展不同

（1）三线工业是社会主义全民所有制，与前两个五年计划中苏联援助项目和其他国营企业一样，跟旧中国资本家民族压迫和阶级剥削的私有制完全不同。

（2）三线工业是计划经济的产物，它是依据国家安全战略和经济长期发展的需要，关注各地区、民族的均衡发展，根据不同地区的资源、条件、能

---

① 谭刚毅、高亦卓、徐利权：《基于工业考古学的三线建设遗产研究》，载《时代建筑》，2019（6），50 页。

力和需求而不是单纯的市场盈利能力来决定的。

2. 与苏联工业模式的不同

（1）三线建设走的是独立自主、自力更生之路，事关国家安全与国防经济长远战略和近期利益，从效益与经济成本、效益与社会成本、效益与政治决策、效益与科学决策等方面的探索和实践了新思路与新方法。

（2）三线工业不仅在生产力上进行创新，更注重生产关系的创新，它在全民所有制和计划经济基础上进一步深入养成了企业中管理者、技术人员、工人等人与人之间的新的关系与作风。

（3）三线建设倡导和培育了中国共产党领导下的以爱国主义、社会主义制度和共产主义信仰为基础的"三线精神"："努力工作、无私奉献、团结合作、勇于创新"。

（4）它与周边山区、村庄建立了新的功能关系和城乡关系，传播了工业文明和城市文明。

（二）形态特征

三线建设时期，我国中西部地区工业遗产的形态特征是军工企业和配套服务军工综合体留下的工业文化遗存，是特殊年代国家安全战略调整和实施的时期所形成的具有特殊形态和特殊意义的现代工业遗产，是一种特殊的遗产类型，它具有独特性、丰富性和易于活化利用的特点。

首先，三线工业遗产的形态、属性和主体等具有很强的独特性；第二，三线工业遗产空间的多维性、资源利用的计划性、生产组织的严密性和精神品格的崇高性等共同构成了三线工业遗产丰富的文化内核；第三，由于三线工业遗产的年代较近，一些工厂和建筑保存状况良好，可利用的空间和价值较大；最后，由于三线工业布局的特点，往往所在位置比较偏远，在国家乡村振兴战略规划的发展机遇中，通过对工业遗产的重新规划、改造或重建，更容易形成新的地方文化空间和景观特色，从而促进地方乡村经济发展。因此，三线工业遗产在我国工业遗产研究中具有重要意义，在国际工业遗产研究中也具有独特地位。（参见图5-49）

图 5-49　大三线企业攀枝花钢铁厂

三、三线建设遗址的保护意义

工业遗产是人类历史的宝贵财富，是研究人类文明史不可或缺的物证。中国工业遗产是中华民族走出漫长的农耕自然经济时代，走向现代化工业文明的遗传标志物，承载着真实的历史信息。在毛泽东主席的亲自部署和督促下，以举国之力开展的三线建设，既是国家处于临战状态的应变措施，又是全国生产力布局的重大调整。

（一）有利于保存"国家记忆"

三线建设是中国一个特定历史阶段的遗留物，记录着中国人在那个特定历史阶段的活动信息，承载着一代人为了建立中国的战略后方而付出的艰辛劳动，这些信息对于了解中国工业发展的历程和经济社会发展史，具有不可替代的作用，它反映了中国工业化在那个时代延续发展的时代特征。因此，三线建设遗址具有重要的历史价值，保护和利用好这些遗址就是保存"国家记忆"，既是对民族历史完整性的尊重，也是对广大三线建设参与者历史贡献的纪念。

（二）有利于传承城市历史文化血脉

在中国三线建设的过程当中，很多城市是因为三线建设而诞生的，没有三线建设就没有这个城市。所以对于这些城市来说，三线精神就是其城市精神，三线文化就是其城市文化；三线建设遗址是这些城市现代化和工业发展进程中的一个特殊遗存，是认识和了解这个城市发展的重要物质依托，它反映了这座城市的精神内涵，显示了这个城市里人的创造活力和勇于担当的精神，保护利用好这些遗产，一方面可以清晰地留存城市工业发展进程的历史轨迹，另一方面可以增强城市历史文化名城的底蕴，增强市民的自豪感和凝聚力。

（三）有利于弘扬爱国奉献的三线精神

三线建设是许多城市的工矿企业特别是军工企业创业和创新起步的标志，这些企业是蕴含着艰苦创业无私奉献三线精神的实物载体，把三线建设遗址的保护利用、宣传和教育有机结合起来，使人们特别是我们的后代在参观过程中从毅力、勇气、拼搏精神以及技术、历史文化等各方面受到一部活生生的工业发展历史教育，对于了解和研究当时的经济社会发展和生产历史状况，对于认识我们今天发展的历史基础都具有非常重要的意义。

（四）有利于促进新兴产业发展

新一轮的城市竞争是软实力的竞争，将三线建设遗产保护利用与增强城市软实力结合起来，将其提高到文化发展的战略高度，是提高城市竞争力的有效途径。将三线建设遗址的保护利用与当前的经济社会发展、产业结构调整、发展战略转型等结合起来，在保护的前提下进行利用，可以盘活存量，催生创意、会展、文化艺术、旅游和服务等其他新兴产业，也可以吸纳闲置劳动力，为社会提供就业岗位。（参见图5-50）

图 5-50　三线工业遗产活化

第六章 岭南工业遗产的风格类型

第一节 遗留现状

一、工业遗产

岭南属于热带、亚热带季风和海洋性气候区，气候特点为夏长冬短、高温多雨。根据全国建筑热工分布图，岭南地区被划分为夏热冬暖的第 IV 区，建筑设计功能要求重点考虑防热而非保暖。岭南文化特色主要包括兼容性、务实性、世俗性、创新性，[①] 无论是岭南建筑师还是粤商，无论是具有现代主义思想还是立足于改革开放前沿，实用主义、商业意识和包容精神是工业建筑设计和工业建筑遗产开发的文化内涵。

《无锡建议》中将工业遗产内容概括为："具有历史学、社会学、建筑学和科技审美价值的工业文化遗存"[②]，价值的内容和构成是工业遗产与工业遗存的根本区别。

广东省作为中国工业发展的先行地之一，华南重要的工业中心，拥有大量具有历史价值、科技价值、审美价值、经济价值的工业遗产。广州作为广东省的工业中心，保留了大量的工业遗产，其中，截至 2019 年，获得法定身份的工业遗产 79 处，包括文物部门公布的各级文物保护单位 53 处和市规划局公布的历史建筑及风貌建筑 39 处，其中 13 处有文物保护单位和历史建筑双重身份。其中国家级文物保护单位包括广东士敏土厂、沙面 HK 牛奶制

---

① 陆元鼎：《岭南人文·性格·建筑》，北京，中国建筑工业出版社，2005。

② 2006 年 4 月 18 日，国际古迹遗址日，国家文物局的负责人和中国主要工业遗产城市的代表及专家学者，在江苏无锡参加"中国工业遗产保护论坛"，并于当日通过了保护工业遗产的《无锡建议》。2006 年 6 月 2 日，国家文物局正式颁布我国工业遗产保护中具有宪章意义的首部文件《无锡建议》。

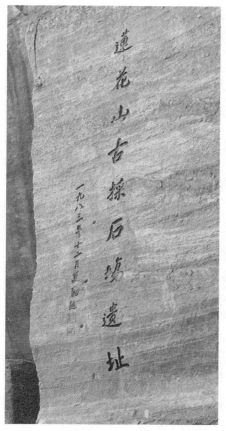

图 6-1　广州莲花山古采石场遗址题名

冰厂（英国雪厂）、莲花山古采石场、虎门炮台共 4 处；中国工业遗产名录有海珠桥、粤汉铁路、南洋兄弟烟草公司、广南船坞、广州太仓古码头（白蚬壳）、柯拜船坞、协同和机器厂等 7 处；省市级文物保护单位包括白鹅潭仓库建筑群、五仙门发电厂、西村发电厂等 32 处；另有区级文保单位9 处。[1]（图 6-1、6-2）

广东其他城市的国家级工业遗产还包括佛山顺德糖厂、南风古灶等。各市级文物保护单位中属于工业遗产范畴的不多，佛山市有文头岭窑址、奇石窑址、通窿岩采石遗址、铁屎墩冶炼遗址、大光明碾米厂、龙江新闸等 6 处；中山市水洲山大炮台、三仙娘山炮台遗址等 2 处；东莞松岗碗窑等。（图 6-3）

图 6-2　广州莲花山古采石场遗址

---

① 参见贾超、王梦寒：《广州工业建筑遗产研究》，广州，华南理工大学出版社，2020。

图 6-3　广东中山三仙娘山炮台遗址

　　广西有国家级工业遗产梧州松脂厂，省级文物保护单位中的工业遗产项目包括溯河码头遗址、缸瓦窑村坭兴陶古龙窑址、石龟头古炮台遗址、铜石岭冶铜遗址等 23 处；海南省有国家级文物保护单位临高角灯塔、塘坡亭塘水利工程、秀英炮台等 3 处，省级文物保护单位镇琼炮台遗址、汪洋古窑址、高山窑址、福安窑址、碗窑村窑址、细沙灯塔等 6 处属于工业遗产范畴；香港、澳门的文物保护单位中的工业遗产主要集中于灯塔与炮台：香港的横澜灯塔、灯笼洲灯塔，澳门的望厦炮台、烧灰炉炮台、大炮台、圣地牙哥炮台、马交石炮台、近码头之氹仔炮台，等等。（参见图 6-4、6-5）

　　一般来说，被政府部门认定为文物保护单位的遗产都保护较好，工业遗产也不例外，从广州工业遗产资源来看，作为文物保护单位的建筑遗产基本保存完好，自然损坏及人为拆除现象不多，基本能够按照文物保护法及相关规定进行规划与保护。但由于文物保护的性质是保护而不是利用，而工业遗产除了保护以外，更多的是活化利用的问题，因此，即便是列入政府文物保护单位的工业建筑遗产也存在着保护好利用不足的特点，大部分工业遗产处于闲置状态，例如广州市白鹅潭仓库建筑群，除了太古仓得到利用外，其余均为闲置、荒废状态。相比较而言，区级文物保护单位的工业遗产由于区域面积小、管理层级少、政策执行快等有利因素较多，反而在工业遗产利用上做得比较好，紫泥堂厂已开发为紫泥堂创意园（参见图6-6），南方面粉厂也计划作为粤剧红船码头使用。

二、工业遗存

20世纪七八十年代，随着全球产业结构调整，发达国家的传统工业率先步入衰落期，一旦工业建筑物或设施设备不能满足技术升级时，就立刻丧失了原始使用价值，成为人们遗弃的对象，生产资料从此变为工业遗存。

国家文物局颁发的《关于加强工业遗产保护的通知》中，将工业遗产的保护对象进行了描述："在我国经济高速发展时期，随着城市产业结构和社会生活方式发生变化，传统工业或迁移城市，或面临'关、停、并、转'的局面，各地留下了很多工厂

图6-4　广西钦州古龙窑址

图6-5　澳门大炮台

图6-6　广州紫泥堂创意园

图6-7　广州火车站

旧址、附属设施、机器设备等工业遗存……"① 文中明确指出工业遗存是指已经停产、闲置的工业厂房及配套设施，与工业遗产的区别则在于是否具有一定的历史文化价值。

　　工业遗存"遗产化"的逻辑起点是客观的工业遗迹（包括物质遗迹和非物质遗迹），过程则经历了"考古时期"和"价值阐释与认同时期"，这两段时期并非彼此独立，而是一个具有递进关系的概念。自1955年英国的Michael Rix首次使用"工业考古（industrial archaeology）"一词来描述针对工业革命产品和技术遗迹的考察行为以来②，围绕"工业遗存"的专项研究逐渐展开，这一过程发端于英国，也从英国走向世界。建筑学者董一平提出"建造之初并无长久保存之意，而后变成被多数人所认同，需进行长期保存并传给后代的过程，定义为'遗产化'"③，这一定义从物权所有者的视角描述了从"遗存"到"遗产"的态度转变，即始于无心，终于有意。

　　由于我国的工业遗产保护发展起步较晚，对于工业遗产的普查及判定工作仍在进行中，许多工业遗产的价值评估与判定仍然没有统一的标准，所以对工业遗存与工业遗产的界定仍具有不确定性。以现阶段所掌握的岭南地区潜在的工业遗产来看，工业遗存比重最大，仅广州市的工业遗存就有65处之多，其中不乏具有一定价值的工业遗存，例如珠江啤酒厂、原国立中山大学发电所、广州火车站（参见图6-7）等。

① 2006年，国家文物局下发《关于加强工业遗产保护的通知》，要求文物行政部门充分认识工业遗产的价值及其保护意义，积极争取地方人民政府的支持。密切配合各相关部门，将工业遗产纳入当地经济、社会发展规划和城乡建设规划。

② Hudson, Kenneth. *World Industrial Archaeology*. New York: Cambridge University Press, 1979.

③ 董一平、侯斌超：《工业遗存的"遗产化过程"思考》，载《新建筑》，2014（4）。

三、工业遗迹

工业遗产有狭义和广义两个范畴，其中"广义的工业遗产则可以包括史前时期加工生产石器工具的遗址、古代资源开采和冶炼遗址以及包括水利工程在内的古代大型工程遗址等工业革命以前各个历史时期中反映人类技术创造的遗物遗存"[1]。岭南地区自秦汉以来就开始了原始手工业发展，具有较高的工艺技术水平，留下了丰

图 6-8　广州秦代造船遗址

图 6-9　广州大沙头火车站（广九火车站）历史照片

富的古代工业遗产，工业遗迹主要集中在造船、港口、窑址、矿冶、军事工程，等等，包括广东地区的秦代造船遗址（参见图 6-8）、莲花山古采石场、南风古灶、松岗碗窑、虎门炮台，等等；广西地区的中和窑址、古龙窑址、铜石岭冶铜遗址、南江古码头遗址，等等；海南地区的塘坡亭塘水利工程、汪洋古窑址、碗窑村古瓷窑址，等等。

在城市更新的进程中，很多优秀的近现代工业遗产遭到破坏或拆除，仅保留了部分痕迹或标志作为纪念，例如广东机器局、黄沙火车站、大沙头火车站等，也被纳入工业遗迹的范畴。（参见图 6-9）

---

① 单霁翔：《关注新型文化遗产：工业遗产的保护》，载《北京规划建设》，2007（2）。

第二节　风格类型

一、传统中式风格

岭南地区在 20 世纪初"中国固有建筑"的实施阶段和 1949 年共和国成立之后的"大屋顶之风"阶段出现了较多的传统中式建筑案例，但是模仿中国传统建筑的工业建筑案例并不多见。一是在于岭南工业多为私营产业，从经济上考虑较多，成本控制较严，不太愿意采用建设成本较高的中国传统建筑形式；二是中国传统建筑的内部结构不利于工业生产的使用。中华人民共和国成立后，大多数具有西学背景的岭南建筑师并没有盲目推广"大屋顶"，而是因地制宜，另辟蹊径，采用更适合岭南"湿热"地理气候特点的小屋面形式，并采用现代建筑技术进行工业建筑的设计。

"广东钱局"，全称"广东官银钱局"，由两广总督张之洞创办于光绪十三年（1887 年），位于广州大东门外黄华塘（今黄华路），占地 82 亩。全局备有熔化炉 72 座，安装铸币机 90 台，为我国首家机制制钱机构，是我国首制铜元之始，在中国近代货币史上占有重要地位，现位于广东省委党校内。

广东钱局是由英国建筑师米德尔顿（1831—1904）设计和建造的。整体布局为院落式，包括银、钱两个生产车间以及办公、住宅等附属建筑。工厂入口采用中国传统阁楼建筑；底层面阔三开间，二层回廊设飞来椅；采用歇山屋顶，凸显建筑的大气，正脊与垂脊装饰具有岭南风格的鱼尾和滚草纹样；屏门、窗扇采用满洲窗常用的玻璃格装饰。《广东钱局银钱两场章程》在描述该建筑构造时选择了大量地方性建筑语汇，如前廊的"看梁""博古金钟架"，大厅的"瓜筒金钟架""千步插"，以及建筑装饰"博古落地罩""玻璃书画屏"等。此外，广东钱局在庭院设计中采用了中国古典园林的造园手法，体现了洋务派提出的"中学为体、西学为用"的思想主张。（参

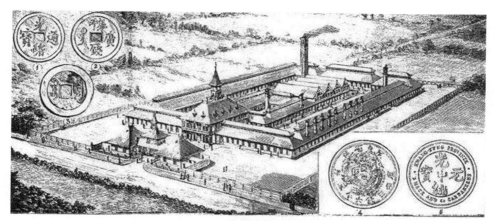

图 6-10　广东钱局全景历史图片

图 6-11　广东钱局大门历史照片

见图 6-10、6-11）

广东钱局厂房已经全部损毁，还保留着一栋银库和一个小凉亭；银库为砖混结构，两层楼高，白色外墙，墙有六个方形通风小口，南墙镶一花岗岩石匾，阴刻"银库"二字，1993 年公布为广州市文物保护单位。（参见图6-12）

图 6-12　广东钱局银库石匾

图 6-13　广东饮料厂民国时期建筑

陈济棠主粤期间（1929—1936）建设的广东饮料厂保留了三栋中国传统建筑，均为两层楼建筑，采用了红砖砌筑，歇山顶，绿琉璃屋面，是民国时期推行"中国固有式建筑"期间的建筑遗存。（参见图6-13）

二、西方古典主义风格

广州是岭南地区接触西方古典主义风格建筑较早的城市，最早的是十三行商馆和沙面建筑群。由于近代很多工业建筑都是聘请西方建筑师进行设计或参与设计，因此，在设计风格上模仿或者借鉴西方古典建筑手法的很多。其中，澳大利亚建筑师帕内（Arthur W. Purnell）和美国土木工程师伯捷（Chales Paget）合作创始的"治平洋行"（后称伯捷洋行）参与了较多的工业建筑设计，留下了不少具有西方古典主义特色的近代工业建筑遗产。

治平洋行在广州设计建造了粤海关大楼、大清邮政局、广东士敏土厂（其南北办公楼及工程师楼由帕内设计）、岭南学堂（今中山大学南校区）的马丁堂以及位于马丁堂附近的第一栋学生宿舍、波楼（当时海关工作人员的俱乐部及关舍）、美孚火油公司仓库、大沙头广九铁路车站、粤垣电灯公司

（五仙门电厂）、亨宝轮船公司仓库（今渣甸仓旧址）建筑等。沙面的花旗银行新楼、广州俱乐部、万国宝通银行、粤海关俱乐部、瑞记洋行、印度人 Nukha 住宅、洛士利洋行、东亚贸易公司、葛理福孚住宅等建筑也都是其杰作。其中，瑞记洋行（内有广州第一座电梯）和马丁堂曾被誉为中国近代最早的钢筋混凝土结构建筑。（参见图 6-14、6-15）

图 6-14　广州沙面德国瑞记洋行

图 6-15　中山大学马丁堂

广东士敏土厂（水泥厂）于清光绪三十二年（1906 年）由两广总督岑春煊奏准开办，清宣统元年（1909 年）建成投产，机器购自德国克虏伯格鲁森厂，厂址位于河南（广州海珠区）草芳围，初名"广东河南士敏土厂"。该厂是中国近代第二家士敏土生产企业，生产立窑水泥，也是当时中国南方产量和规模最大的士敏土厂。广东士敏土厂办公楼后改作为大元帅府，该建筑采用殖民地风格的外廊式设计，通过具有西方古典主义特色的琐石、线脚、檐口的装饰和颜色的搭配，增强了建筑的艺术效果。（参见图 6-16）

作为土木工程师的伯捷也是建筑师，在广州留下了不少作品，其中建于1913—1930 年的渣甸仓（又称"内五"、"港五码头"）（图 6-17）就是伯捷设计的作品，是英国怡和洋行（又称为渣甸洋行）清末到民国时期在广州开办的

图 6-16　广东士敏土厂大门历史照片

图 6-17　广州渣甸仓

港口码头和仓库，也是当时广州地区规模最大的物资仓储库区，主体采用钢结构，立面山墙具有典型的巴洛克风格，红砖墙面、黑色瓦面。现存有 6 座仓房和一座临江码头，时至今日，6 座仓库仍在使用，主要用于储存粮食。

　　HK 牛奶公司制冰厂旧址为广州沙面建筑群的组成部分，位于广州市荔湾区沙面街翠洲社区沙面北街 29 号和 31 号，建于 20 世纪初，坐南朝北。前座结构体系为砖承重外墙结合内部钢筋混凝土框架，后座是钢筋混凝土框架。建筑立面造型简洁，采用灰白色水刷石墙面，首层门窗采用铸铁几何、植物纹样装饰，三、四层窗下采用植物纹样的方形、圆形石膏装饰，体现了新艺

图 6-18　广州沙面英国 HK 牛奶制冰厂

术运动的装饰风格。建筑整体布局结构及外观保存较好，基础牢固，近年曾对外墙进行粉饰，外墙刷粉黄色涂料装有射灯。（参见图 6-18）

三、折中主义风格

19 世纪上半叶至 20 世纪初，在欧美一些国家流行一种折中主义建筑风格。所谓的折中主义是把不同观点没有原则地自由组合与拼凑所形成的一种理论，它的基本特点就是将各种风格与元素进行拼凑与堆砌，不讲求固定的法式，只讲求比例均衡，注重纯形式美。

近代中国是西方文化与中国传统文化碰撞的时代，尤其是岭南地区，是西风东渐的主要区域。表现在建筑上也出现了西方建筑风格与中国传统特色相融合的折中主义特色。以富国强兵为目标的洋务运动在引进西方科学技术、兴办近代工业的同时，在推进工业建筑本土化上也进行了尝试，当时兴办的很多广东工业企业的建筑如广东机器局、广东钱局、石井兵工厂等建筑形式都采用了具有中国传统特色的风格，但中式风格建筑在空间功能上很难满足工业生产的要求，因此，在建筑主体结构（尤其是厂房车间等）仍然采用西式建筑形式，局部装饰采用中式传统风格，因此建筑主体结构仍采用西式建筑形式，局部采用中式装饰，形成中西合璧的折中主义特征。

协同和机器厂创建于 1912 年，前身是清宣统三年（1911 年）由陈沛霖、陈拔廷在芳村大涌口开办的协同和碾米厂，1912 年与何谓文合股扩大成协同

图 6-19　广州协同和机器厂车间外立面

图 6-20　广州协同和机器厂车间门

图 6-21　广州协同和机器厂机器

和机器厂，专门生产柴油机。据考证，它就是中国第一家柴油机厂，并于 1915 年制造出中国第一台柴油机，扛起了中国近代民族工业的一面大旗。该机器厂旧址保存得相当完整，历经八九十年风雨不变。协同和机器厂现存的一个生产车间，内部使用德国钢筋梁架，金字架屋顶，绿灰筒瓦，巴洛克风格山墙，灰砂砖外墙刻有"协同和机器厂"的商号，门楣上方雕有典型的岭南建筑装饰风格的灰塑，保存至今。经勘测，车间长 34 米，宽 33.6 米，高约 10 米；车间正门口呈圆拱形，拱形门上方刻有"1922"字样。最难得的是，该旧址还留有若干遗存设备，一台剪床，底座仍有"协同和"三字，至今在用。（参见图 6-19、6-20、6-21）

四、仿苏联式风格

20世纪50年代，苏联建筑界打着"批判结构主义"和"社会主义的内容、民族的形式"的旗号，开始了建筑复古的潮流。

岭南地区作为中国重要的工业区，在第一个五年计划期间成为苏联援助的重点地区，而华南地区的工业重镇非广州莫属，当时在广州建设的项目主要有广州造船厂、广州重型机械厂、鹰金钱罐头厂、广州钢铁厂、广东水利水电厂等，建于19世纪60年代的广东水利水电厂旧址保留了大量苏式风格的工业建筑，钢筋混凝土结构，建筑跨度大、空间利用率高，红砖砌体建筑特色鲜明，现已改建为"信义国际馆"。在工业建筑改造中，设计师保留了工厂的基本结构，但将门窗、墙面和细部改造成现代风格。庭院地板使用废旧枕木铺设，部分路面用从拆掉的旧房子收集的老青砖来铺设，以保持历史的陈旧感；外墙做了新的工艺处理，用水泥、黑或红砖代替了被风雨、潮湿等侵蚀、损毁的外墙。完整保留了当年刻在工厂墙壁上的各种标语口号和83棵古老的榕树。（参见图6-22）

鹰金钱罐头厂建于1958年。作为当时中国最大的罐头厂，它保存了丰富的工业建筑历史遗存。漫步于园区12.2万平方米的巨大空间，几十座形态多样的苏联式工厂建筑、散布各处的旧机器，在大树浓荫的掩映下，令人有穿越时光的感觉。2009年鹰金钱罐头厂被改造成"广州红

图6-22 信义会馆建筑

专厂艺术创意园",十多年来已成为当之无愧的广州文化地标,被称为"广州的798"。这里不乏高规格、高品位的艺术展示,比如"包豪斯在中国"大型展览,将红专厂在工业建筑设计上的特色,很好地融入了包豪斯的艺术成就之中,获得了设计界的高度评价。遗憾的是,因为种种原因,"红专厂"已经被拆除。(参见图6-23、6-24)

图6-23 鹰金钱罐头厂历史照片

图6-24 广州红专厂创意园

五、现代主义风格

清末及民国时期政府向国外派出了大量的留学生，其中一部分留学德国、日本、法国等国家，受到现代主义思想影响的学习建筑、土木等相关专业的学生陆续学成回国，从而为岭南地区开启现代主义建筑风格播下了火种。20世纪30年代，一批建筑师开始了现代主义建筑的实践。

1934年开始建造的中山大学发电所（参见图6-25、6-26），建筑体量很小，建筑面积为428.3平方米，位于目前的华南理工大学西湖北路和嵩山路交界处，建筑碑文中所指的"学校"是指当年的"中山大学"。现在华南理工大学的老辈人有称它为"发电厂"的，也有干脆叫它"电灯房"的，从奠基石碑文的内容来看，是1934年11月动工的，同一天奠基的还有著名的"中山大学"石牌坊，还有现华南理工大学里面的多座老建筑，可见，发电所对于当年的学校来说，意义重大。目前，该建筑已被改造成一家餐厅。整栋建筑的窗户玻璃基本保持原样，个别玻璃因为损坏做了更换，所以看起来古朴、厚实，很有历史感。窗户的压花玻璃风格独特、图案别致。门窗采用了具有西

图6-25　中山大学发电所

图6-26　中山大学发电所奠基碑

113

方现代特色的金属构件，如黑漆钢腹门窗和钢制小阳台。走在西湖路上，依然能看到一个从二楼蜿蜒而上到达屋顶的钢制小阳台，整个建筑外观通过红砖、黑漆金属和压花玻璃等形成了不同颜色和材料的强烈对比，是当时石牌校区内颇具特色的现代建筑。

中华人民共和国成立以后，岭南建筑开始快速向现代化转型，出现了大量的现代主义建筑大师和建筑作品，工业建筑由于其独特的建筑性质和空间需求，成为最先尝试现代主义风格的建筑形式。1957年《建筑学报》刊登了岭南建筑师陈伯齐摘译的瑞士比尔斯菲登水电站设计师汉斯·霍夫曼（Hans Hofmann）自己的介绍文，文中指出"厂址的选择，除了考虑满足技术与水利上的要求外，还特别慎重的考虑与原来风景配合的问题。""厂房不应是沉重封闭的体积和横块，而是轻快敞亮的大面积玻璃的建筑。""柱、梁与屋盖的水泥面均加粉刷，涂淡的沉绿色，与柱面上屋檐上的白绿条和白色的窗框相映起来，形成'愉快的'造型，给周围美丽的风景增加了不少明亮轻快的气氛。"[1] 说明了工业建筑应有敞亮的空间、现代风格的造型以及与环境结合的重要性。

---

① 陈伯齐：《瑞士比尔斯菲登水电站的建筑造型》，载《建筑学报》，1957（8）。

第七章　岭南工业遗产的再生与活化

第一节　文化创意产业背景下的工业遗产再生策略

文化创意产业（cultural and creative industries, 简称CCI）是向大众提供文化、艺术、精神、心理、娱乐等高附加值产品，并有潜力创造财富和就业的新兴产业，其涵盖的内容十分广泛，包括电视与广播、电影、广告、设计产业等行业，其内涵则同时强调文化的积累和创新创意的理念，是为社会公众提供文化体验的具有内在联系的行业集群。

一、文化创意产业的概念与发展

文化产业的概念在霍克海默和阿多诺1947年出版的《启蒙辩证法》中，意指凭借现代科学技术手段大规模进行复制、传播被商品化的、非创造性的、带有强烈意识形态色彩的文化产品的娱乐工业体系。[1] 1998年，《英国创意产业路径文件》中首次正式提出了"创意产业"的概念。他们将创意产业定义为那些源自个人创意、技巧及才华，通过知识产权开发和运用，具有创造财富和就业潜力的行业。[2]

从定义的比较中可以看出，文化产业与创意产业在覆盖的产业领域上存在着重复和交叉，但的确是两个不同的概念。张振鹏先生认为："世界上最先使用'文化创意产业'概念的是中国台湾地区。"[3] 2002年，台湾地区将"文化创意产业"列入"挑战2008重点发展计划"中的一项，并将其描述为"源

---

① ［德］马克斯·霍克海默、［德］西奥多·阿道尔诺：《启蒙辩证法》，渠敬东、曹卫东译，上海，上海人民出版社，2006。

② 张振鹏：《文化创意＋农业融合发展》，3页，北京，知识产权出版社，2019。

③ 张振鹏：《文化创意＋农业融合发展》，4页，北京，知识产权出版社，2019。

自于创意或文化积累，透过智慧财产的形式与运用，具有创造财富与就业潜力，并促进整体生活提升之行业。"① 经济学家伊恩·贝格指出："文化已经越来越被认为是一项重要的资产，它不仅能够推动地区发展，它还能够吸引大量的外来人口和就业者来定居。"②

2006年，中共中央办公厅、国务院办公厅印发了《国家"十一五"时期文化发展纲要》，"文化创意产业"这一概念首次出现在党和政府的重要文件之中。党的十七大报告中明确提出，要大力发展文化创意产业，实施重大文化创意产业项目带动战略，加快文化创意产业基地和区域性特色文化创意产业集群建设，推动社会主义文化大发展大繁荣。世界上最早由政府出面使用"文化创意产业"这一概念的，就是中国。③ "文化创意产业既扩充了传统文化产业的内容，又不是对英国提出的创意产业的模仿或复制，而是中国传统文化底蕴与当代创意精神交融的智慧结晶，彰显了文化创意产业丰富的内涵。"④

中国的文化创意产业发展，大概经历了四个阶段：

第一阶段：798阶段。自2002年2月，美国罗伯特（Robert Bernell）租下了798的120平方米食堂，罗伯特的书店是作为艺术机构进入798的第一家，因此，他进入被公认为是798艺术区的开始，此后798艺术家群体开始像"雪球"一样滚起来了。（参见图7-1）2007年，随着党的十七大"文化大发展、大繁荣"战略目标的提出，全国各地的文化创意产业项目纷纷上马，但是在表面繁荣的同时，由于一

图7-1　北京798创意广场

① 马群杰、杨开忠、汪明生：《台湾地区文化产业发展研究：台南与台北、台中及高雄之比较》，载《公共管理学报》，2007（4）。

② Iain Begg. "Investability: The key to Competitive Cities?". *Regional Studies*, 2002, Vol.187–193.

③ 张振鹏《文化创意＋农业融合发展》，5页，北京，知识产权出版社，2019。

④ 张振鹏：《文化创意＋农业融合发展》，5页，北京，知识产权出版社，2019。

拥而上的盲目性、单一性和后续政策、运行及管理的不完善，最后能存活下来的很少。总的来说，这个阶段的优点是很多工业遗存得到了保护，形成了工业遗产保护与利用的典型方式；缺点是产业形势和盈利模式单一，经济发展效果不尽如人意。

第二阶段：动漫游戏阶段。这个阶段涵盖时间最长、覆盖面最广、范围最大，基本上可以涵盖2005—2013年。（参见图7-2）这个阶段动漫行业得到了巨大发展，几乎占据了文化创意产业的主流，但是从社会意义上讲，大量动漫产业的快速发展产生了一定负面社会影响。这个阶段的动漫产业由于盲目扩张，虽然带动了国内动漫行业起飞与发展，但是大量的动漫产业经营惨淡。

第三阶段：文艺演出、影视制作阶段。随着文化创意产业发展的不断深入，文艺演出、文艺下乡、文艺出国演出等形成了新的文创产业发展形式。2010年1月，国务院《国务院办公厅关于促进电影产业繁荣发展的指导意见》的出台，我国又掀起了电影电视产业发展新高潮；在这个阶段，文艺演出和影视业得到了相应的发展（参见图7-3）；但大多数影视产业园名不副实。

图 7-2　国家动漫园

117

图 7-3　无锡国家数字电影产业园

第四阶段：跨界融合阶段。2014 年 2 月 26 日，《国务院关于推进文化创意和设计服务与相关产业融合发展的若干意见》的发布，真正把我国文化创意产业发展引入了一个正确发展的轨道——跨界融合的发展之路。跨界就是指让文化通过创造性的想法，跨领域、跨行业与人们的生产、生活、生态有机衔接；融合就是让文化创意同第一产业、第二产业、第三产业有机、有序、有效融合发展，2014 年的这份文件是我国文化创意产业发展的里程碑和分水岭。

二、文化创意产业与城市再生

城市再生概念的形成是一个发展的过程，建立在过去半个世纪城市的发展变化和政策调整的基础上。20 世纪 60 年代至 70 年代，欧美国家主要以大规模推倒重建与清理贫民窟为手段的城市再生运动遭到了多方面的批评。20 世纪 80 年代之后，美国的大规模城市再生已经停止，总体上进入了谨慎的、渐进的、以社区再生为主要形式的小规模再开发阶段。随着历史演进和社会发展，城市再生的含义不再是简单地"除旧布新"，而应更强调城市整体发展，正如 2002 年英国伯明翰城市峰会的主题口号所示，城市再生就是"城市复兴、再生和持续发展"，从广义上理解，城市再生是一个多目标的行动体系，主要包括环境再生、经济再生和社会再生三个方面。①

西方国家的城市再生是在城市化不断深化的进程中，在不同历史时期不断发现问题、制定对策、解决问题并系统地实施和管理的过程。城市发展理论与概念的演进绝不是简单的词汇替换，每个概念的提出与演进都是城市发展理论与实践的推动，都有着发展逻辑、丰富内涵和时代特征，具有延续性和继承性。自 20 世纪 50 年代以来，随着城市再生理论的发展，相关概念也经历了 5 次明显的变化。20 世纪 50 年代的概念是城市重建（urban Reconstruction），60 代的概念是城市振兴（urban revitalization），70 年代的概念是城市更新（urban renewal），80 年代的概念是城市再开发（urban redevelopment），90 年代的概念是城市再生（urban regeneration）。②罗伯特·皮特（Roberts Peter）在《城市再生手册》（urban regeneration：A Handbook）中，对"城市再生"给出了一个综合定义："一项旨在解决城市问题的、综合的、整体的城市开发计划与行动，以寻求某一亟须改变地区的经济、物质、社会和环境条件的持续改善。"（参见图 7-4）③

城市是一个开放复杂的巨构系统，城市生活是城市活力的基础，而城市生活又包括经济生活、社会生活和文化生活 3 个方面，其中，文化活力是城市活力的内涵和深层表现。随着当代经济与科学技术的飞速发展，作为软实力的城市文化在城市再生中的地位和作用日益提高，已经成为城市发展不可忽视的重要推动力。美籍芬兰建筑师沙里宁说："让我看一看你的城市，我就知道你的城市中的人们在文化上追求的是什么。"④西方国家以文化创意为主导的城市再生，首先是以文化策略的形式出现，多见于小规模的城市再生项目。20 世纪 90 年代，西方国家摒弃了单纯经济导向的功利性目标，转而开

①　曲凌雁：《城市更新及对策：关于城市更新的多层次认识》，同济大学博士学位论文，1998。
②　转引自张平宇：《城市再生：21 世纪中国城市化趋势》，载《地理科学进展》，2004（4），72—79 页。
③　转引自张平宇：《城市再生：21 世纪中国城市化趋势》，载《地理科学进展》，2004（4），72—79 页。
④　转引自张鸿雁：《城市形象与城市文化资本论：中外城市形象比较的社会学研究》，南京，东南大学出版社，2002。

图 7-4　城市再生时期的美国纽约高线公园

始以城市整体更新再生为目标，将文化战略融入城市更新再生规划中，由此衍生出文化产业发展规划，从城市发展战略高度以及区域范围来整合城市资源，使文化产业推动城市发展进入了新的历史阶段。城市再生理论要求尊重和延续城市的地域文脉与历史文化，这是避免"千城一面"的重要途径。城市的历史文化活力又是城市活力的重要组成部分，文化再生创新能力和文化的多元性是城市再生的重要因素，是激活城市经济、促进社会和谐、改善城市环境、提高城市竞争力的催化剂。（参见图 7-5）

三、文化创意产业与工业遗产的共生

艺术和文化是一个城市不可缺少的精神食粮，工业是一个城市发展所必须具备的条件，创意园区是二者呈现、交汇的场所，是现代文明和工业文明

图 7-5　巴西城市公园 Guaíba Orla

的联姻。文化创意产业与工业遗产的共生，不管在欧美国家，还是在我国北京、上海，都是起源于艺术家群体的自发行为，是文化创意产业推崇创新的特点与工业遗产建筑空间特有的空间美学、历史价值、文化意义、集体记忆价值相互碰撞的结果。工业遗产为文化创意发展提供了相应的物质和文化载体。首先是城市中大量工业遗存需要改造再利用获得"新生"；其次是工业遗产建筑特殊的空间结构便于内部空间的重新划分和利用；第三是工业遗产富有浓郁的历史感和特殊的艺术风格，在现代化的城市环境中具有良好的文化氛围；第四是由于工业遗产所具有的低成本使房屋租金相对低廉，这是引进大量文化创意产业者的重要优势，同时可以吸引大量以创意产业为中心的配套型服务产业群，提升产业区的整体活力；第五是工业遗产中的工业构筑物和一些设备等本身就是富有特色的景观文化元素，可以极大地丰富环境景观。

　　工业遗产类型创意产业园区的出现，不仅是简单的经济现象，更肩负着展示工业遗产建筑遗存风貌，扩大民众与文化、艺术和历史接触机会的社会责任。工业遗产建筑群通常具有深厚的历史底蕴，可以激发人们利用其特色

图 7-6　广州太古仓码头改造

的文化内涵来发挥无限的想象力进行改造。岭南地区的创意产业园以广州为中心，包括金山谷创意产业园区、白云区创意产业园、Moca 创意城、国家网游动漫基地、广州创意产业园、羊城创意产业园、广州北岸文化码头、广州 TIT 纺织服装创意园、国家音乐创意产业基地、广东国家数字出版基地、1850 创意园、南沙国际影视城等众多创意园区。（参见图 7-6）

（一）红专厂文化创意产业园

"红专厂"文创园前身是当时亚洲最大的罐头厂——广州鹰金钱食品厂，20 世纪 50 年代由苏联援建，位于天河员村四横路 128 号，珠江新城 CBD 中轴线区域位于其西面，毗邻珠江，是城市黄金地段。经过改造后的"红专厂"为传承那个年代特有的工业记忆，保留了大部分具有独特风格的苏式建筑以及设备，是广州第一家非企业非房地产包装的真正意义上的创意区。（参见图 7-7）

2009 年鹰金钱公司与广州集美组室内设计工程有限公司达成租赁协议（至 2013 年），集美组作为"红专厂"规划及顾问角色，成立广州红专艺术设计有限公司作为运营企业，将厂区自发改造为集餐饮、零售、办公于一体的创意产业园区。红专厂名字拥有两重含义，一方面是精神层面的意义，纪念

图 7-7　广州红专厂创意产业园

图 7-8　广州红专厂创意产业园南门

图 7-9　广州红专厂创意园铁路站台

20 世纪 50 年代广东罐头厂那个又红又专、激情燃烧的年代；另外一方面是物质层面的意义，在厂区内有很多红色砖材的建筑，因此取用了"砖"字的谐音，采用了"红专厂"这样一个特别的名字。（参见图 7-8、7-9）

红专厂的业态策划和改造报建都是由广州红专艺术设计有限公司管理，由于集美组跟广州美术界深厚的渊源，红专厂的主导功能也倾向于作为艺术创意的场所，并衍生出对应的展览、办公和餐饮功能，引入知名的艺术与设计团队，使红专厂成为广州市 CBD 中的艺术中心区和广州城市文化表达的窗口和人文精神的境地。红专厂园中既有艺术画廊、个人工作室、设计公司、各大高校艺术实习基地等创意产业机构的进驻，也有主题餐厅、咖啡馆、婚纱摄影、艺术品商店等配套服务消费场所，形成一定规模，成为颇具影响力的文化创意产业区。（参见图 7-10、7-11、7-12）

遗憾的是，由于各种原因，红专厂创意园区已经被拆除。（参见图 7-13）这说明了城市工业遗产再生与活化为文化创意产业，如果要达到政府、艺术家、市民、开发者等所追求的政治、经济、文化、社会等多方效益的共赢，必须解决几个问题，一是要改变所谓"赢"的标准，不能单纯追求商业利益的最大化或单纯艺术价值的最大化，而是需要同时承担丰富城市空间、发展文化氛

图 7-10　广州红专厂创意园 F16 浮阁艺术咖啡空间侧墙

围、满足社会需求的功能；二是要采取措施，突出艺术家在产业园的主体地位，明确产权问题，切实保障入住艺术家的后顾之忧，进而建立长远发展模式，不能过度商业利益化，以免造成"创意产业"性质的变化；三是从设计改造上要突出工业遗产本身的独特风格和结构特征，增加吸引力。

图 7-11　广州红专厂创意园 F18 松鼠窝

工业遗产本是一个城市宝贵的财富，人民的精神财产。当今，城市

图 7-12　广州红专厂创意园表叔茶餐厅室内涂鸦

工业遗产保护正承受着房地产开发的巨大冲击，如何长期坚守住"城市的记忆"，在地价飙升的今天将这些工业遗产退让出来的土地发展文化创意产业或者用于城市公共空间、城市基础设施的建设，造福于市民，其背后的意义更值得我们去探寻。

（二）广州 TIT 国际服装创意园

TIT 创意园坐落于广州市海珠区新港中路 397 号，在城市中轴线的核心节点上，北侧与天河区东、西双塔、广州歌剧院、海心沙公园以及广州电视观光塔相邻，具有优越的地理区位。其前身是一家有着辉煌历史的大型国有企业——广州纺织机械厂，成立于 1952 年。随着城市经济结构调整，对于效益不好或者不适应现实经济发展的产业鼓励由第二产业退出到第三产业寻求发展，这就是"退二进三"的政策要求，该厂在停产后也面临着功能升级和更新。2007年停产后，为了使企业焕发新的活力，由广州纺织工贸集团投入打造一个以服装、服饰为主题的创意产业平台，充分发挥原工业建筑的行业功能、建筑特色与空间结构等优势，将文化、时尚、艺术、创意、设计、研发、发布、展示等功能多元化整合为一体，形成极具特色的服装创意园。（参见图7-14）

在建筑再生的设计中，老厂区的原始建筑体貌特征及原生态环境被原汁原味地保留，一些有代表性的大型机械被选择保留下来，这些都是能够体现企业历史记忆与城市情怀的基本元素，广场与道路铺砌旧红砖、老瓦片、大麻石等老广州人熟悉的材料，这些越来越少、逐渐消失的东西带来了浓浓的怀旧情结，遗留下来的机械设备没有被丢弃，比如那些用了几十年的经机、纬机以及铸造机件的淬火炉、轨道、炉身等都经过重新设计改造后变成了大型的装置艺术品，类似的旧机

图7-13　广州红专厂创意产业园没有摆脱拆除的命运

图7-14　广州纺织机械厂历史照片

器设备改造的艺术作品随处可见，它们共同营造出工业元素与现代艺术的完美融合。一些原有的小型建筑诸如厂区卫生所、发电机房及仓库等，被改造成为面向国内外一流服装品牌、服装设计师的设计师之家，集展示、办公功能为一体，充分体现了工业遗产强大的再生功能。（参见图7-15、7-16）

图7-15 广州TIT创意园的雕塑与名牌

广州TIT国际服装创意园是展示广东纺织服装企业的形象窗口，是以"研发设计""文化交流"和"品牌传播"为核心功

图7-16 广州TIT创意园"联合文创"

能，起到了纺织服装设计和营销环节推进器的作用，成为纺织服装企业的品牌孵化器。同时带动了周边土地功能完善和配套产业的发展，形成广州城市中轴的景观节点。

（三）宏信922

宏信922的前身是广州市文物保护单位协同和机器厂旧址，位于芳村大道东毓灵桥北侧，始建于1911年，占地面积约1.4万平方米，是广州著名的老字号企业，也是广州最早的民族工业企业之一。该厂旧址保存有厂房1座、创办人居住办公的别墅1幢、仓库1幢和部分早期生产设备，如吊机、水

塔、车床等，2005年9月，公布为广州市登记保护文物单位。（参见图7-17、7-18）

厂房坐北朝南，砖混结构，长33.5米，宽22.3米，高10.6米，面积743平方米，金字架屋顶钢材梁架，绿灰筒瓦，山墙为巴洛克风格，外墙为灰砂砖，正门顶部上方原刻有协同和机器厂的商号，门楣上方雕有灰塑"1922"，即厂房所建年代（"文化大革命"期间被铲掉），厂房内还有天车导轨。（参见图7-19）

别墅位于厂房的后面，与车间相距80米，建于20世纪20—30年代，

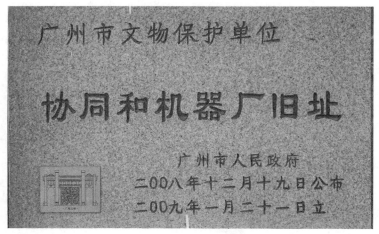

图7-17　广州协同和机器厂旧址

图7-18　原协同和机器厂正门商号

该楼坐北朝南，为砖混结构的两层楼房，长14米，宽9米，高9米，建筑面积252平方米，外墙砌灰沙砖。第2层有檐廊、护栏，木楼地板上铺砌红阶砖。（参见图7-20）

图7-19　原协同和机器厂厂房

办公仓库位于厂房右侧，大约建于20世纪30年代，坐东朝西，为砖木结构的平房，长19.3米、宽16.5米、高9.1米、建筑面积为319平方米，外墙为青砖，顶部装有通气天窗。

宏信922的特色是将文物保护单位进行了商业化的再利用，将工业元素作为园区的特色，园内共有10栋面积100平方米至1000平方米不等的建筑，提供停车场、食堂等配套设施，分为商务办公区、配套服务区、创意作坊、品牌汽车服务区、展览活动区等。（参见图7-21）

图7-20　原协同和机器厂别墅

宏信922位于珠江西岸，是广州四个功能

图7-21　原协同和机器厂宏信922"更三动画"

区之一"白鹅潭经济圈"的核心区域，是广州市"西联"战略规划中，"白鹅潭经济圈——滨水创意产业带"的一部分。它的优点是位于芳村大道，交通便利，入驻企业较少，对建筑保护有利，整体环境安静、优雅，绿化极好。但缺点也很明显，就是知名度不高，投资力度不够，占地面积比较小，发展相对缓慢。（参见图7-22）

（四）BIG 海珠湾创意产业园

BIG 海珠湾创意产业园项目位于海珠区振兴大道，海珠核心商圈、城市发展中轴线南端。该项目属于海珠区十三五规划的珠江后航道总部创意休闲带的组成部分。BIG 是在中化集团广州大干围仓库区基础上改造的，这个仓库区原来是大型国有化工企业的原料储备与生产基地。产业园的主体建筑由8栋不同结构的仓库经过重新设计改造而成，建筑形式有独栋、平层、小高层等不同风格，建筑空间 50000 平方米，以"艺术＋运动＋临江"为主题，打造成一个集休闲、文创、体育于一身的广州新晋"网红打卡点"。（参见图7-23、7-24）

图 7-22　原协同和机器厂宏信 922 入口形象

图 7-23　BIG 创意产业园标志

图 7-24　BIG 创意产业园墙绘与雕塑

图 7-25　BIG 海珠湾创意产业园鸟瞰

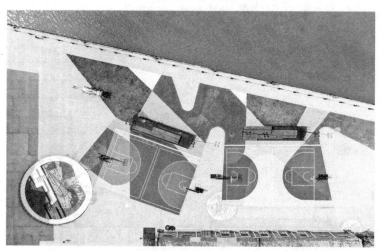

图 7-26　BIG 海珠湾创意产业园江景广场俯视图

　　BIG 产业园开阔的外部空间和大跨度的建筑空间以及临江的位置优势，使产业园在整体空间规划和建筑单体上都非常具有特点：

　　其一，通过对原仓储基地公共空间的梳理，打开外部界面、打通内部单体首层空间，加强园区空间的整体流动性，并实行动静流线分离，营造街道空间三纵两横的交错感以及江景广场的超大性、开阔性。（参见图 7-25、7-26）

图 7-27　BIG 海珠湾创意产业园韩风街景

其二，建筑单体设计遵从原始的业态布局，根据厂房类型条件以及园区的功能要求重新设计；从园区规划功能和未来发展的角度出发，园区三纵两横街道敞开面首层和临街建筑首层均设计为商业或其他经营性空间，其余建筑空间为分户式小型办公和整租式文创空间。商业空间建筑外观追求简约风格，以白色为主色调，深色窗框作为辅助装饰，色彩简练雅致，突出了现代感。同时，为了营造商业氛围并达到良好的营销效果，每个商户都有自己的广告位，使最终呈现的氛围既达到商业展示与吸引消费的作用，又保持了格调高雅的品位与沿街面整体性的控制。（参见图 7-27）

其三，基地内有两栋保存完好的坡屋顶红砖厂房整体出租，设计上保留红砖墙面，扩大原有的窗户，增加采光面积和装饰效果，局部设计植入菠萝盒子结构，通过玻璃与红砖的新旧材料对比，追求戏剧化的装饰效果；内部空间则以租户的功能要求为标准进行设计。（参见图 7-28、7-29）

其四，文创式办公部分，主要位于几栋较高厂房的二层以上，建筑外观巧妙利用空调外机的位置和窗户的改造进行造型设计，采用白色墙面、深色

图 7-28　BIG 海珠湾创意产业园红砖厂房

图 7-29　BIG 海珠湾创意产业园 "MOKA"

窗框与金色张拉网的材料组合模式进行色彩搭配，形成黑白灰的层次感和高级感，使建筑墙面富有韵律美，体现了时尚、艺术的氛围。（参见图 7-30）

其五，园区内的一大特色是艺术景观设计，主要展示立面与公共空间通过艺术景观串联起来，大型公共艺术的引入，也为园区未来运营公共活动提

图 7-30　BIG 海珠湾创意产业园文创式办公区

图 7-31　BIG 海珠湾创意产业园江景广场太空猫雕塑与墙绘

供了绝佳场地和艺术氛围。超大江景广场以两栋高层的山墙面大型涂鸦艺术为背景，其余空间交汇处也设计了互动性体验装置，如拼贴篮球场、彩色玻璃拍照点、滑板宣讲台、树池电影大台阶等，以叙事性空间设计理念增强人们的参与性和园区的故事性。（参见图 7-31）

其六，园区引入"易建联篮球训练中心"，在大型江景广场的功能设计

图 7-32　BIG 海珠湾创意产业园"易建联篮球训练中心"

图 7-33　BIG 海珠湾创意产业篮球训练中心内景

中以篮球设施为基础，突出篮球运动广场的特色，彰显了 BIG 园区的与众不同。（参见图 7-32、7-33）

第二节 博物馆文化形态下的工业遗产保护模式

工业遗产再利用的类型中，博物馆模式是一个起步比较早的方向，目前工业遗产再利用为博物馆的可以分为两大类：一类是改造后展览主题与原建筑功能无关；另一类改造后的展览主题与原建筑功能有关。其中，后者又细分为展览主题为原有建筑功能的丰富和深化以及展览主题为原有功能和历史的展示类。

一、传统博物馆与工业博物馆的概念划分

博物馆发展到今天经历了多个阶段的变化，传统的国家博物馆、区域博物馆的话语权在不断地被"主题类博物馆"所细分。博物馆性质和社会职能发生了质的变化，博物馆不再是简单的、封闭的奇珍异宝的仓储室，而是一跃成为开放的、供大众观摩欣赏的场所，其发展逐渐多样化和扁平化。主题博物馆在理念上有别于传统博物馆只是单纯将文物作为艺术品或见证物来展示，它"以设定的展示主题内容为脉络来系统展示文物，注重挖掘文物所承载的历史事件与所处的历史情境，并通过文物与多样化的展示手段在展示空间的共同呈现，来有力的诠释展示主题，从而使观者更明确其展示的目的，同时也带给观众更深刻的精神体验"①，可以说，"主题博物馆"是博物馆类型发展到一定阶段的产物。

工业遗产博物馆属于博物馆体系中特殊的一种类型，是借助"工业遗产保护"的热潮而逐步兴起的。20世纪60年代，西方国家通过工业考古，逐步开始对工业遗产进行保护和研究，而作为工业考古成果的重要展示场所，基于工业遗址保护和再利用的博物馆就此产生，如英国铁桥博物馆（Iron Bridge Museum）于1986年被授予世界文化遗产，这是世界上第一例以工业遗产为主题的世界文化遗产。工业遗产博物馆的大量出现是当代工业遗产保护运动

① 杨玲、潘守永：《西方当代博物馆发展态势研究》，北京，学苑出版社，2005。

与博物馆发展结合的产物，利用旧有工业遗存打造成工业主题博物馆，是展示工业发展历史、工业技术成就的重要载体之一，它们不仅反映了人们追忆工业辉煌的"怀旧"情思，而且是通过明确、直观而优雅的方式向人们再现工业文明的一类"叙旧"场所，甚至成为城市工业区"复兴"的重要手段之一。

普通博物馆要展示一座城市的历史记忆或发展主题，就必须对城市历史的某个剖面进行脉络性归纳，但博物馆有限的空间和展品很难将历史发展进程中的各个节点进行有机的串联，或者说城市历史的脉络必然会有断点而无法形成文化链，相对孤立的单体展品往往会忽略许多历史细节，对历史风貌的展现很难丰满，很难传达城市历史记忆和文化多元特征，更无法体现城市的鲜明性格。工业博物馆以工业厂房、生产车间、机械设备、生产过程、企业文化等为主题，保护和展现的是一个时代的具有标志性的物质与非物质文化，在整个工业发展过程中具有重要的历史地位和代表性，具有较高的工业考古价值，一般采用整体保留、原址原建的方法建立主题性工业博物馆或展览馆。建设的基本原则是依托工业遗产原始的生产活动空间和建筑构筑物，特别注重保护工业活动原有的工作条件和地域环境，以大工业的解读视角锁定城市艺术的展示和表现，多维度全景展示工业遗产的历史风貌和历史记忆。

因而，工业博物馆对工业遗产的"品相"要求较高。首先，内涵上要在工业发展史上具有典型性或重要性，形成过深厚而独特的文化底蕴，包括悠久的历史和较高的知名度以及在本行业的特殊地位；其次，外部实体应具备保存较为完好的工业建筑和场所，尽可能保持或再现其原始风貌；三是内部应具有能够完整呈现昔日工业生产流程的机器设备，凸显其与科学技术进步的联系；四是适度还原能够代表时代和城市记忆的非物质工业遗产。

实现遗存再利用的工业遗产博物馆，不同于狭义的工业博物馆，因为其建筑本身（及工业遗存）就是展览的一部分，遗产博物馆的设计与传统新建博物馆具有明显的不同，前者需要充分利用遗址现状进行创造，具有很强的地域性和场所性，其设计理念的产生有更多的限制和约束条件，后者的设计思路则相对宽松；它也不同于一般意义上的旧建筑改造，因为它对呈现历史的特定工业主题和历史原真性提出了更高的要求，这使得建筑师在进行方案创造的初期，就将工业建筑的现存形态和产业特色纳入改造设计的范畴。

二、工业遗产博物馆的类型与特点

从博物馆馆址历史、馆舍建筑性质、陈列展示方式等方面来看，工业遗产博物馆可分作工业遗址型和旧工业建筑再利用型两类。工业遗址型博物馆建立在旧工业遗址之上（或遗址范围内），对可移动与不可移动工业遗产、物质与非物质工业遗产以及周围环境进行综合性整体保护，或以工业建筑遗产作为博物馆馆舍，收藏与展示工业遗产。

工业遗产改造为博物馆有其自身的特点：工业遗产改造的博物馆大多数与工业主题有关，其中生产线和设备保存完好的，展示主题多为原建筑功能和历史，如美国纺织历史博物馆、英国铁桥峡谷博物馆、德国波鸿矿业博物馆、德国弗尔克林根博物馆、上海自来水科技馆、

图 7-34　河北唐山开滦煤矿博物馆

河北唐山开滦煤矿博物馆、河北唐山启新水泥工业博物馆等（参见图 7-34）；生产线或设备已不存在或者留存较少，生产无明确的、具有典型流线的工业遗产，改造为博物馆后展示主题多为原有功能的丰富和深化，即作为综合博物馆展示，如美国芝加哥科学与工业博物馆（参见图 7-35）、英国曼彻斯特科学与工业博物馆、无锡中国民族工商业博物馆、澳大利亚悉尼动力博物馆和沈阳中国工业博物馆等。在工业遗产改造为博物馆的既有案例中，展示主题与工业无关的比较少，这一类改造的博物馆，大多数作为艺术展示馆，如美国鱼雷工厂艺术中心、伦敦泰特现代艺术博物馆、德国鲁尔区红点设计博物馆、北京今日美术馆、上海当代艺术博物馆（图 7-36）和上海城市雕塑展览馆等。

工业遗产博物馆是收藏、保护、研究、展示工业遗产中可移动工业文物的机构，是中国工业遗产调查、研究、保护的重要组成部分，在保护工业遗产、传承工业文化、弘扬工业精神、方面发挥着不可替代的作用。

图 7-35　美国芝加哥科学与工业博物馆

图 7-36　上海当代艺术博物馆

三、工业遗产博物馆保护模式的优势与劣势

工业遗产保护的不同模式都有其针对性强、效益明显的保护对象，即使是被许多人看好的、认为比较理想的保护模式，从不同的角度讲，同样也有其不足之处，工业遗产保护的博物馆模式也不例外。

工业遗产博物馆模式的优势：一是在于既能很好地保护工业遗产，又能很好地活化利用；二是工业遗产博物馆将会更好地发挥见证工业文明发展史和社会教育的作用；三是对工业遗产的保护利用成本低。

工业遗产博物馆模式的劣势：一是建设工业遗址博物馆有一道"门槛"，就是要求工业遗存整体状况保持良好，能满足建立博物馆的要求，这对工业遗存提出了具体的要求；二是由于博物馆属于社会公益性事业，不以盈利为目的，经济盈利空间有限，不足以抵消博物馆的运用成本和庞大开支。

由工业考古热潮催生的近现代工业遗产博物馆保护模式，除了传统意义上的工业博物馆之外，更多的是工业遗址型博物馆，20世纪六七十年代以来，博物馆概念的不断扩展，历史纪念物、遗址、遗迹等设施被吸纳为博物馆，以原生态保护为特色的生态博物馆的实践，更是突破了传统博物馆的围墙。从广义博物馆视角考察工业景观公园、国家矿山公园等设施一定程度上具备了博物馆的保存工业遗产、展示工业文明、传播科学技术知识以及实施社会教育的功能，可以归入露天大工业遗址型博物馆范畴。与各种以商业性用途为主的工业遗产保护模式相比较，博物馆模式的优势主要在于对工业遗产保护及利用具有现成的经验，对工业遗产价值的阐释更全面深刻，其劣势在于经济盈利空间较小，自身的"造血"能力有限，一定程度上影响其可持续发展潜能的发挥。

四、岭南工业遗产博物馆案例

岭南地区的工业遗产博物馆开发模式相对较少，主要有广东士敏土厂（大元帅府）、珠江—英博国际啤酒博物馆、五仙门发电厂改造的华侨博物馆、昌岗油库计划改造的广州工业博物馆、广西柳州工业博物馆等。

（一）珠江—英博国际啤酒博物馆

珠江啤酒有限公司是全国第一家引入国外全套设备和生产技术、第一家采用发酵罐立罐生产啤酒的啤酒企业。1991年，珠江啤酒有限公司创造了仅用5年时间达到产销量、创汇额全国同行第二的"珠啤速度"。

珠江—英博国际啤酒博物馆（参见图7-37）是广州珠江啤酒有限公司与世界最大的啤酒企业——比利时英博啤酒集团合作兴建的一座具有娱乐性、观赏性、艺术性、教育性为一体的国际化、开放性啤酒文化展示场所。其中，完整保留仍在使用的生产流水线是最具特色的设计，这种对生产工艺的展示是工业遗产非物质形态保护的重要内容（参见图7-38）。博物馆有一个展示远古时期啤酒厚重历史的艺术长廊，运用壁画的形式讲述着啤酒的发展历史。

该啤酒博物馆具备两大功能：一是作为一个独立的展示系统，通过对珠江啤酒有限公司、英博集团和国际啤酒发展史的艺术展示，既可以领略珠江啤酒朝气蓬勃的气氛和

图 7-37 珠江—英博国际啤酒博物馆外观

图 7-38 珠江—英博国际啤酒博物馆灌装场景

深厚的文化底蕴，又可以品尝新鲜啤酒和购买精美的纪念品；二是通过参观啤酒博物馆、艺术走廊以及整个厂区，充分领略整齐雄伟的发酵罐群、快速穿梭的灌装线、绿草如茵的厂容厂貌等工业景观，这是历史与当下、工业与人文文化的交织。这种集社交、休闲、文化和风景于一体的啤酒博物馆，在中国甚至国际上也是少见的。（参见图7-39）

图7-39 珠江－英博国际啤酒博物馆内廷

依托珠江—英博国际啤酒博物馆，磨碟沙隧道顶部及沿江区域打造了一个"珠

图7-40 啤酒厂输煤廊

江琶醍啤酒文化创意艺术区"，这是一个具有浓郁现代工业风格的啤酒文化艺术平台及高端餐饮休闲娱乐地带，艺术区将工业遗产与江边码头、珠江水道景观融为一体，营造出生态与美态兼容的优质城市公共空间。沿江而设的琶醍艺术区主题广场独具文化内涵；啤酒博物馆户外广场、亲水码头广场、以麦芽仓为背景的可作为颁奖礼台的啤酒文化广场以及最靠近珠江新城的时尚表演舞台和展览广场自东向西沿江展开。倚仗啤酒博物馆的工业景观和临江的优越地理位置，在这里举办啤酒节、美食节、狂欢节等各类活动或者私人高端的露天酒吧聚会，都具有无可比拟的优越性。（参见图7-40、7-41、7-42）

图 7-41　啤酒厂麦芽仓

图 7-42　琶醍艺术区工业风酒吧

（二）广州华侨博物馆

广州华侨博物馆是在五仙门发电厂旧址改造完成的，位于广州历史城区越秀区沿江西路183号。广州商办电力股份有限公司（原为粤垣电灯公司）始建于清光绪二十七年（1901年），因位于明清时广州城南门五仙门附近，民间俗称五仙门电厂，现存占地面积2636平方米，建筑面积8482平方米，是华南地区最早的商办电厂，也是广州历史上第一座火力发电厂（参见图7-43）。20世纪80年代后期，五仙门发电厂因不符合环保要求和能源消耗过大等原因被撤销，2008年，五仙门发电厂旧址（参见图7-44）被列入广州市文物保护单位。

五仙门发电厂现存的遗产建筑是西风东渐的历史实证，采用了西方建筑风格和材料，是西方新技术、新材料开始引入中国的活化石。这座具有重要历史价值的工业遗产在关停后，经过多次改造，功能发生重大变化，面向珠江的首层骑楼被分割成一间间商铺，改造成酒吧、餐厅、咖啡厅、茶艺馆、小商品交易市场等，内部还有一家重金属摇滚音乐的主题酒吧。而且建筑所有权和功能的多次改变对建筑本身也造成了极大的损害，历史文献资料极为

图7-43 五仙门发电厂历史照片

图 7-44　五仙门发电厂旧址

图 7-45　商业化的五仙门发电厂旧址

缺乏，这对建筑的保护与修缮带来了很大的困难（参见图 7-45）。现存建筑厂房内部采用当时最先进的铆钉连接钢材的钢构梁柱方式与钢筋砼剪力墙组合体系，既保证了厂房建筑的大跨度功能要求又能消除机器生产噪音与震动对结构的不利影响；沿珠江骑楼部分采用了钢筋混凝土砖混结构；商业和办公部分保留了钢筋混凝土结构体系与钢结构体系。在建筑南区沿江立面采用柱式构图，窗花采用仿石券水泥批荡、巴洛克檐口女儿墙（参见图 7-46）；厂房东西两侧立面首层采用砖砌拱券窗、叠窗及檐口形式的腰线，这种多元风格的折中主义建筑表现也是西风东渐的物质证明。西立面山墙上还保存着广东省会电力机厂成立时具有纪念意义的"1920"年代标志（参见图 7-47），电厂特有的标志性烟囱在 20 世纪 80 年代初被拆除。

　　工业遗产既是城市与产业工人的记忆，又是连接历史与当代的空间载体，这是保护利用工业遗产的核心思路。作为工业遗产的五仙门发电厂改造为华侨博物馆，既要承载展示广州华侨对城市发展贡献历史的场所空间，也要深

图 7-46　五仙门发电厂沿江立面装饰

图 7-47　五仙门发电厂西立面
山墙"1920"标志

147

入挖掘其百年来的历史文化价值与当代文化生活之间的关联，将这座见证着广州上百年城市发展史的工业遗产建筑打造成为涵盖当代城市生活公共职能、历史与现代融合共生的城市新坐标，成为广州老城区市民文化休闲的复合化城市生活博物馆。（参见图 7-48、7-49）

图 7-48　广州华侨博物馆展厅建筑外观

图 7-49　广州华侨博物馆番禺会馆展区

（三）柳州工业博物馆

柳州工业博物馆馆址是原第三棉纺厂旧址，为国家AAAA级景区，也是免费向公众开放的博物馆。集工业历史展示、工业遗产保护、科学知识普及、旅游休闲于一体，总用地面积将近11万平方米，总建筑面积超过6万平方米，展现了柳州工业100多年来，从无到有，从弱到强的发展历程，体现出艰苦奋斗、自主创新的"柳州精神"。柳州工业博物馆大量工业文物具有广西、全国"第一"和"唯一"的特性。这些珍贵的工业文物从不同侧面记录了广西及中华民族复兴的历史，也是柳州艰苦创业、敢为人先、自强不息、实业兴邦精神的真实写照。（参见图7-50、7-51）

柳州工业博物馆在功能组织、功能分区、展示方式等方面都已经很成熟。在展厅布置中，展厅序列分为主展馆、企业展馆、世界科技工业展馆、互动展馆和临时展馆五个部分，各个展厅之间有序列关系，同时又各自独立，利用棉纺织厂遗留的建筑单体，创造了既有序列空间，又有并列空间的展览空间。

柳州工业博物

图7-50　柳州工业博物馆

图7-51　柳州工业博物馆历史建筑

图 7-52　柳州工业博物馆展示的广西第一辆
以木炭为燃料的汽车

图 7-53　柳州工业博物馆汽车展示

图 7-54　柳州工业博物馆两面针牙膏宣传车

馆室内展厅分两层，一楼主要展示柳州工业化的萌芽和兴起及重工化的雏形（参见图 7-52）；二楼展示改革开放后柳州重工化取得的长足进步及丰硕成果（参见图 7-53）。主要展示的实物是 1902 年以来，柳州所生产和使用工业设备和产品，以及工业历史文物 2000 多件（参见图 7-54、7-55）。

柳州工业博物馆具有以下特点：一是柳州工业博物馆大量利用纺织厂原有建筑，新建面积约为博物馆总建筑面积的三分之一；二是展区基本布置在一流的工业建筑中，新建部分大多作为办公、储藏、接待中心、会议中心和休闲区等工业博物馆附属功能；三是休闲、办公、展览三大功能区流线组织清晰合理，互不干扰；四是主题馆中，展厅序列是依据柳州传统工业和近现代杰出工业，依

图 7-55 柳州工业博物馆铁水罐

据时间顺序而设，循序渐进。

（四）江门甘化厂工业遗产博物馆

江门甘化厂工业遗产博物馆项目是近年来新被纳入江门市城市品质提升行动重要节点项目计划（2021—2025）。甘化厂（全称江门甘蔗化工厂）是我国一五时期建设的重要项目，是中华人民共和国第一个大型产糖工业基地，是当时我国引进规模最大、第一个通过与国外资本及技术合作共建成功的项目，使我国制糖工业在工艺及技术装备方面"晋身"当时国际先进水平，曾被誉为"亚洲第一糖厂"（参见图 7-56）。1958 年 7 月，周恩来总理曾视察正在建设中的"一五计划"重点轻工业项目：北街糖厂与江门纸浆厂；周总理在视察期间指出："甘蔗用途很广，应该大搞综合利用。"① 由此，两厂合并为一家综合利用甘蔗发展制糖、造纸、酒精、酵母等产业的联合企业：江门甘蔗化工厂，周总理亲笔题写厂名"江门甘蔗化工厂"（参见图 7-57）。文献

① 羊城晚报全媒体记者陈卓栋、彭纪宁、马勇等：《江门甘化厂：记一段"甜蜜事业"忆往昔工业辉煌》，载《羊城晚报》，2021-12-14。

图 7-56　江门甘化厂历史照片

图 7-57　江门甘蔗化工厂大门历史照片

资料显示，1966 年，甘化厂年产蔗糖 4.49 万吨；1968—1974 年，由于蔗源不足，蔗糖年均产量 3.67 万吨。到 1975 年，年产蔗糖增加到 4.80 万吨。其产品莲花牌（内销品牌）白砂糖闻名全国。1977 年开始，甘化厂通过技术改造与革新，不断提高产品的产能和质量。翌年，砂糖产量达 5.88 万吨。1980 年，其出产的榴花牌（外销品牌）优级白砂糖获国家经济贸易委员会银质奖。1979 年上映的电影《甜蜜的事业》的故事发生地和情节都是取材于甘化厂，并且在江门甘化厂取景，可见当年的甘化厂在全国的影响力。（参见图 7-58）1990 年以后，国家的工业布局进行了调整，国家优先扶持广西、云南等产糖地区发展甘蔗种植业；

并且随着国家改革开放的不断深入，珠三角地区也进行了产业结构优化和调整，江门甘化厂无论从政策上还是市场以及原材料上的优势都不复存在，渐渐退出历史舞台。[①]（参见图 7-59）

图 7-58　取材于甘化厂的电影《甜蜜的事业》剧照

如同众多大型工业企业发展建设的轨迹一样，江门甘蔗化工厂围绕糖厂生产区建立起北街工业小区。江门市人委建设科制订《北街工业小区规划方案》，并于 1956 年 10 月开始实施，至 1987 年，北街工业小区已建成 1.2 平方千

图 7-59　江门甘化厂停产后的全景图

----

① 资料来源：羊城晚报全媒体记者陈卓栋、彭纪宁、马勇等：载《羊城晚报》，2021-12-14。

米。工业小区涵盖了生产、生活、教育、娱乐等各种功能空间。将原有低矮独栋村宅自由分散组成的传统乡村聚落，转变为集聚化、标准化的多层现代职工宿舍区；原有的宗庙祠堂转变为工人俱乐部、文化活动中心、社区康体公园等公共空间的配套设施。（参见图7-60）随着企业生产规模不断扩大，整个工业区都需要不断扩大突破原有边界，在不断完善工业集聚空间和交通网络的情况下，很多商业、居住空间以及街道都出现了以甘蔗化工厂名称命名的情况，比如江门甘蔗化工厂的甘化路等。甘化厂工业小区与外部的边界趋向模糊，已经

图7-60　江门甘化厂工人俱乐部

图7-61　江门甘化厂甘化邨

逐渐形成一个具有一定城市基本功能的综合性人口聚集区。（参见图 7-61）

　　江门甘化厂建筑吸纳了现代主义设计风格，墙面采用大面积开窗设计，既化解了大体量建筑所形成的沉重感又增加了内部采光；由于制糖车间属于高温高热的工作环境，建筑的每个玻璃窗户中间自带可以旋转的转子，有利于通风散热，体现了工业美学与近代科学和实用主义相结合的风格。其中建于 20 世纪 50 年代末的主厂房具有典型的现代主义风格，既体现了工业建筑的工程美学和具有时代性的艺术审美，也是当时中国与苏联、波兰等友好合作的历史见证。（参见图 7-62）厂区有一排设计非常特别的欧式拱券风格的建

图 7-62　江门甘蔗化工厂主厂房

图 7-63　江门甘蔗化工厂外籍专家招待所

筑，据老工人介绍，这些建筑是接待外国专家的招待所，它们再次见证了当年中国与波兰等国的友好关系。（参见图7-63）此外，制糖生产线、起蔗吊车、码头、橘水罐、烟囱等具有强烈标志性的构筑物，体现了甘化厂工业遗产独特的滨水特征和产业风貌，又与当下流行的工业风审美不谋而合，具有较高的艺术与历史价值（参见图7-64、7-65）。

为了保护江门甘化厂这一工业遗产，2013年，江门市政府制定并通过了《江门市甘化厂工业遗产保护方案》，划定了1.23万平方米的保护范围，现存的历史建筑包括糖厂主厂房（制糖车间）、仓库和货运码头保存相对完整，109台（套）生产设备实施原址保留。2021年，江门甘化厂入选第五批国家工业遗产名录，从此进入了国家级遗产保护的范畴。江门市政府经过专家论证，确定将江门甘化厂工业遗产规划为"工业遗产博物馆"项目，"希望通过做好甘化厂的保护工作，让更多年轻一代了解其中的'奋进故事'，并激励更多的江门奋斗者，在这片热土上创造出更大辉煌。"[①]

图7-64　江门甘蔗化工厂制糖车间

图7-65　江门甘化厂码头历史照片

江门甘化厂是江门市工业发展的一个里程碑，它所形成的企业文化，映射着江门甘化人奋力追赶世界的汗水与梦想，是彰显江门地区特色、延续城市记忆的重要物质载体。期待江门甘化厂工业遗产博物馆能尽早建成，为推

---

① 资料来源：羊城晚报全媒体记者陈卓栋、彭纪宁、马勇等：载《羊城晚报》，2021-12-14。

动城镇空间完善、提升江门城市文化品质、彰显城市优秀历史文化遗产，为江门的经济和文化建设再立新功。

第三节　文化景观环境下的工业遗产保护模式

工业遗产保护的文化景观公园模式是将工业遗产改造成城市公共休憩空间，也是再利用模式中的一个重要方向，不仅提高了城市美观度，更为人们提供了开放式的公共休闲场所。文化景观公园模式折射出人与自然在工业文明时代的对抗状态，这种以工业生产为手段的对抗注定了工业生产与大自然水火不容的关系，景观公园是弥合工业与自然、人与自然矛盾的有效方式。工业遗产的景观价值主要集中在滨江环境和工业特色构筑物所带来的环境效果，保留工业元素创造滨江景观能够改善城市面貌，提高用地效率和居民生活质量。根据改造程度和使用方式不同，景观改造包括公共景观、大地艺术景观、城市主题公园、城市景观公园、滨水开放空间等五种类型[①]。

一、工业文化景观的概念

景观被 2004 年通过的《欧洲景观公约》（The European Landscape Convention）定义为"人类共同理解的一片区域，这一区域能体现人类与自然之间的相互作用"。文化景观在此基础上增加了文化因素，旨在探讨人类、自然、文化之间的相互作用。1992 年世界遗产委员会对"文化景观"的定义为："自然与人类的共同作品，它表现出人化的自然所显示出来的一种文化性，也指人类为某种实践的需要有意识地利用自然所创造出的景象。"文化景观强调整体性和内部要素的多样性，除保护物质遗存外，还要关注周边自然环境、相关的非物质文化遗产以及人类记忆。文化景观作为一个复杂的有机体，要求遗产坚持整体保护和动态检测方式，这将有利于维系遗产价值的多元性。

---

① 刘伯英、冯忠平：《城市工业用地更新与工业遗产保护》，137 页，北京，中国建筑工业出版社，2009。

文化景观方法在世界遗产保护中具有重要地位，是各类遗址保护中关注的重点。工业遗产，其脆弱性在于遗产的空间和文化不可剥离，尤其是工业遗产的历史价值和社会价值是通过遗产所处的空间与地域文化共同体现的。工业文化景观所包含的工业建筑布局与外部风格、运输系统、能源系统等都体现了工业生产中人与自然的复杂关系以及蕴含的文化意义，这些景观是公众感受工业遗产魅力、理解工业遗产价值的关键要素。

工业遗产景观也被称为后工业景观或工业之后的景观。大约从20世纪70年代开始，西方传统工业国家陆续开始面临废弃闲置工业场地如何处置利用的问题。工业废弃地大多数是被严重污染的区域，无法在其基地内直接进行新的建设。同时，人们越来越认识到无论从技术发展史的角度，还是从其自身存在的意义、对所在地区及社会的贡献或是将其作为人类文明记忆之见证的角度来看，工业废弃地都蕴含着巨大的价值和意义，因此应被当作文化遗产来看待，其价值应当得以展示和彰显。后工业景观的营造即被视为延续这些价值的一条有效途径，即用景观设计的手法对工业废弃地进行改造，在原有工业景观的基础上将衰败的工业废弃场地改造成为具有多重含义的场所。

景观公园承袭了工业文明的历史辉煌，讲述了工业发展的历史故事，同时经过改造再生融入现代生活之中。景观公园的改造绝不是仅仅改变工业遗留的废弃场景，也不是单纯的景观再造，而是基于工业遗产原始风貌进行的生态性再设计，他的功能性和景观性是与人们丰富多彩的现代生活紧密联系在一起的。同时，景观公园的设计中融入工业遗产保护的理念和生物技术，继续使用工业废弃地的基础设施，保留其形体结构，使工业废弃地成为后工业生态景观。工业文化景观公园的设计要尊重场地生态的发展过程，倡导可持续设计与生态理念对物质能源的循环利用，研究生物技术对场地自我维持的应用，保持并增强景观自愈和环境再生的能力。从艺术与美学价值上讲，现代艺术与技术介入工业景观设计，为其注入了浓郁的艺术气息和美学意蕴，它重新解释了废弃工业景观的价值与含义，废旧、生锈的工业厂房、机械设备、生产工具等已不再是破败的、丑陋的、肮脏的、消极的，相反，它们是人类工业文明伟大力量的见证，是一代一代产业工人的情感寄托。艺术连接了工业文明和现代生活，给冰冷的工业遗迹带来了温度，拉近了与公众的距离，每一种艺术思潮和艺术形式，都为景观设计提供了可借鉴的艺术思想和形式语言。

二、工业文化景观的分类特点

工业文化景观主要根据联合国教科文组织使用的文化景观分类标准进行性质界定，包括以下几个方面。

其一，由人类设计和建筑的景观（designed landscapes），包括出于美学原因建造的园林和公园景观。这类工业景观可以包括能体现特殊设计的厂房、工人社区等。例如英国的索尔泰尔（参见图 7-66），修建于 1850—1863 年，位于利兹附近，是世界上第一个大型工业住宅区。索尔泰尔的哥特风格有助于使它融入乡村的环境中，这也证明了工业化并不会使大城市聚居区产生单调无情的状态。这里的公共建筑、纺织厂和工人住宅风格和谐统一，建筑质量高超。至今完整地保留着城镇布局的原始风貌，生动再现了维多利亚时代慈善事业的家长式统治。

其二，有机进化的景观（evolver landscapes 或 vernacular landscapes），它产生于最初始的一种社会、经济、行政以及宗教需要，并通过周围自然环境的相联系或相适应发展到目前的形式。他又包括两种类别，一是残遗物（或活化）景观（relic 或 fossil landscapes），代表一种过去某段时间已经完成的进化进程，不管是突发的或是渐进的。英国铁桥峡谷是该类文化景观的突出代表，铁桥峡谷工业区建于 18 世纪初，是世界上第一座铁桥，是 18 世纪英国工业革命的象征，其旧址由 7 个工业纪念地和博物

图 7-66　英国索尔泰尔

馆、285 处保护性工业建筑组成，1986 年被列入《世界遗产名录》。二是持续性景观（continuing landscapes），它在当今与传统生活方式相联系的社会中，保持一种积极向上的社会作用，而且其自身演变过程仍在进行之中，同时又展示了历史上演变发展的物证。德国鲁尔区曾经是欧洲最大的工业区，一直是德国的煤炭和钢铁工业基地，在德国现代经济发展史上曾占有重要位置，自 20 世纪 80 年代末开始进行大规模经济结构调整，对传统工业区的改造成为区域复兴发展战略的重要组成部分，大部分被废弃的老工业区都在国际建筑展览（IBA）的区域整治计划中被赋予了旅游、娱乐、休闲、展览等全新职能。其中鲁尔区的艾森关税同盟煤矿工业区第 12 号矿井（参见图 7-67）2001 年入选世界文化遗产，是包豪斯建筑风格的代表，展现了欧洲现代化的煤炭运输设备，既见证了德国重工业的发展历史，同时也推动了老工业区的可持续发展。

其三，关联性文化景观（associative cultural landscapes），这类景观以与自然因素、强烈的宗教、艺术活态文化相联系为特征，而不是以文化物证为特征。位于澳大利亚中部维多利亚的亚历山大山脉因为 19 世纪 50 年代初期

图 7-67　德国艾森关税同盟煤矿 12 号矿井

疯狂的淘金热而闻名，现在亚历山大山脉连绵 5 千米的金矿景观已成为一种独特的文化景观，见证着一个时代的人类行为及其历史记忆。

　　工业文化景观设计灵活、手法多样，根据工业遗产原有资源的利用程度，工业文化景观类型可分为全面保护型、部分利用型、完全更新型等三类。一是全面保护型，基本保留了原来的空间和设施，主题与原有资源相匹配，旧元素中插入新元素，主要案例有北杜伊斯堡公园（参见图 7-68）、西煤气厂文化公园、多拉公园；二是部分利用型，部分保留原有设施，主题与场地历史有关或部分有关，新旧元素融合使用，主要案例有城西公园、高线公园（参见图 7-69）、世博公园；三是完全更新型，基本不保留原有设施，主题与历史完全没有联系，以新元素为主，少数体现历史，此类景观主要有泰晤士河水闸公园（参见图 7-70）、雪铁龙公园、奥林匹克雕塑公园等。

　　传统景观设计的概念更多与布景、风格联系在一起，或是受对自然力量的神秘崇敬下所蕴涵的文人意趣的影响。而后工业景观首先考虑的则是如何建立新置入的景观与原有工业遗存，以及由工业遗产所构成的工业景观之间的联系。通过梳

图 7-68　德国北杜伊斯堡景观公园工业设施

图 7-69　纽约高线公园景观步道

161

图 7-70　泰晤士河水闸公园

图 7-71　拉茨的设计手稿

理拉茨众多的后工业景观作品（参见图 7-71）可以看出，后工业景观的营造基于对基地现状的全盘接受，既要考虑基地中那些能够被接受的要素，也要考虑那些令人不安的要素，不论这些要素在场地中和谐与否。

　　工业遗址改造中的景观设计，在实践中应强调景观设计对于复杂的生态修复技术的大众化解读与直观生动的演示，将技术流程转化为欣赏流程，引导和普及大众对于生态修复的认知。通过景观设计与生态修复技术的结合，强调多学科、多方法的共同协作，彰显设计方案创造力，亦可实现对遗址生态环境的修复。

三、岭南工业文化景观保护案例

岭南地区由于其独特的地理气候原因和富有地方特色的工业遗产，在工业文化景观保护方面做了很多优秀的案例，形成了岭南特色的工业遗产景观保护体系。

（一）中山岐江公园

广东中山岐江公园是在原粤中造船厂旧址的基础上改建而成的主题公园，该改造方案由北京大学景观规划设计中心俞孔坚教授主持设计，该公园 2001 年建成开放，相继获得美国景观设计协会 2002 年度荣誉设计奖、2003 年中国建筑艺术奖、2004 年第十届全国美术作品展金奖、中国现代优秀民族建筑综合金奖、国际城市土地学会 2009 年度 ULI 亚太区杰出荣誉大奖等多项殊荣。

作为有着近半个世纪历史的旧船厂，粤中造船厂（参见图 7-72）倒闭时除了大部分有用的机器被卖掉外，留下了大量的有景观价值的东西：一是自然元素，主要有河道水体、大量古榕树、生态良好的植物群落以及与之相适应的环境和土壤条件；二是人文元素，遗址上有多个不同时代船坞、厂房、烟囱、龙门吊、水塔、铁轨及其他各种机器设备，包括河道护岸、口号语录等，这些具有浓郁工业色彩的遗

图 7-72　粤中造船厂历史照片

留赋予了景观强烈的场所意义和历史文脉感。（参见图 7-73、7-74）。

岐江公园设计强调自然生态理念下的野趣之美，把文化与生态理念、现代环境意识和历史记忆等进行尝试性融合，并取得很好的效果。公园设计充分利用造船厂原有植被，保留了轨道、龙门吊、水塔及厂区肌理，通过增加

图 7-73　中山岐江公园船坞

图 7-74　中山岐江公园水塔

环境设施、灵活景观处理手法，提高了环境的公共参与性，创造出特色鲜明、环境舒适的景观公园。整个项目改造，突出历史性、生态性和亲水性三大特色，不仅呈现中国近代史的生动记忆，也是中山市民过往生活的工业时代场景的重现，是我国首个城市公园和产业用地相结合的优秀范例，成为中山市的标志性景观。（参见图 7-75、7-76）

为了具有时代特色和地方特色，满足市民休闲、旅游和教育需求的综合性城市开放空间，设计强调四个原则：

一是场所性原则：设计体现场地的历史与文化内涵及特色。设计高度提炼并保留了工业遗留的具有代表性的工业化生产符号，如铁轨、钢架、齿轮等，包括一些如废弃的牵引机、切割机、压轧机等机械设备；充分提取车间中仍然保留的形式符号，如领袖像、标语、口号、宣传画等。

图 7-75　中山岐江公园野趣之美

二是功能性原则：满足市民的休闲、娱乐、教育等需求。通过功能性改造，设置相关的休闲娱乐设施，以其功能性的文化内

图 7-76　中山岐江公园鸟瞰

涵，满足市民的日常休闲活动，吸引外来游客。

三是生态性原则：强调生态适应性和自然生态环境的维护和完善。保留了原有的自然生态系统，包括植被、水体、部分驳岸等，配置以大量的乡土植物群落，形成可持续的生态群落，传达一种关于自然与生态的美学观念和伦理。

四是经济性原则：充分利用场地条件，减少工程量，考虑公园的经济效益。设计中充分利用原有的工业遗产条件，通过保留、改造与再利用的设计，节约资金投入。

岐江公园借鉴了世界范围内对工业遗迹的保留、更新和再利用的手法，用现代创新设计语言讲述了中国人自己的工业传奇，富有创造性地表现了特定时代与特定地域的文化含义和自然特质，用精神与物质的再生设计，在工业主题下，解释了人性和自然的美。

岐江公园的改造设计有很多经验和教训，主要遗憾体现在以下几个方面：

一是对场地的废旧因素利用的尚不充分，保留得少、改造得多，致使造船厂原有历史文脉的延续不充分。

二是骨骼水塔和中山美术馆因安全原因重建，失去了环境与建筑再利用的意义，原有建筑肌理没能接续。

三是对原有丰富的生态环境没能完全保留，新植入的景观元素过多。

四是为了迎合大众的审美趣味，在公园设计中加入了一些不和谐的景观元素。

（二）广钢新城

广州钢铁集团（简称广钢）（参见图7-77）是上市公司，拥有全国第三大建筑钢材生产基地，是广州地区少有的大型冶金企业，曾经为广州乃至广东地区的发展作出了重要贡献。随

图7-77 广钢集团大门历史照片

图 7-78　广钢新城项目、配套分布图（广州市规划局）

着国家经济转型需要，2013 年，广钢白鹤洞生产基地逐步关闭，除部分土地预留用于广州钢铁集团总部未来建设，其余土地移交政府收储。同年 6 月 5日，广州市规划局发布了《广钢新城控制性详细规划》，根据规划，广钢老厂将与鹤洞、东塱和西塱等几个旧村联手进行综合改造，共同升格为"广钢新城"。广钢新城将重点保护和利用广钢地块的工业遗产和城市周边村庄的基础特色，突出工业文化和岭南文化（参见图 7-78）。

通过调查与价值认定，由政府组织，通过土地划拨和公开出让两种方式实现厂区的二次开发利用。广钢新城规划集中保留炼钢工艺流程且具有较高工艺美学价值的部分遗存，打造成工业景观公园；其余处于周边出让地块的铁轨、设备等分散的工业遗存，则依靠控规条文在用地开发时予以保护。

广钢新城通过资金反哺方式实现工业遗产的保护与再利用资金循环，其改造理念是保留提炼原厂区中具有工业与历史特色的各种自然和人工要素，结合工业遗产景观公园的设计理念，组织整理成能够为公众提供工业文化体验以及休闲、娱乐、科教、体育运动等多种功能的城市公共文化空间，提升片区整体空间品质和周边地块土地价值；通过周边地块招拍挂获得土地出让金，再反向支持公共空间的工业遗产保护。

根据《广钢公园运营履约监管协议书》，广钢公园是粤港澳大湾区最大型的工业遗迹保护区，将以广州钢铁集团遗迹为载体，结合建设高容量宜居生活区以及配套商业设施，凸显广州工业人艰苦创业、乐观豁达的精神，创造集遗址公园、科技创意、艺术文化、休闲娱乐、体育运动、研学旅游、绿色生态于一体的综合服务型工业遗址文化园区。广钢新城将打破传统建设模式，采取分区规划分段建设的方式，东区为工业遗产博览区、中区为艺术文化体验区、西区为生态创意休闲区，整个区域美术馆及博物馆占比不低于30%，培训研学不低于20%。（参见图7-79、7-80、7-81）

图 7-79　废弃的广钢厂房设施

图 7-80　广钢厂内的纪念雕塑

图 7-81　广钢新城中央公园规划图（广州市规划局）

1. 工业遗产博览区

博览区重点建造工业遗产博物馆与国际艺术展览馆，通过对广钢遗存的工业遗产进行保护与活化，依托具有工业化特色的建筑群和现代科技智能元素，展现广钢及人类工业发展的历史与未来。博物馆邀请国内外知名建筑设计师，充分利用原广钢集团厂区的工业元素设计出具有国际影响力的标志性建筑与室内风格，为城市打造具有独特观赏价值的工业遗产新地标、工业与信息技术文化教育基地。（参见图 7-82、7-83）

2. 艺术文化体验区

广钢公园中心区结合城市景观设计，致力于打造工业艺术雕塑广场、国际艺术家创作基地、艺术文化交易中心等功能区。

3. 生态创意休闲区

广钢公园西区结合城市住宅，根据老年、成年、青少年等不同人群的不同需求，分别设计打造休闲运动场、文化培训场馆、科技体验馆、美术馆、文创商超等功能区。

图 7-82　广钢新城工业景观与　　　　　　图 7-83　历史与现代的对比
　　　　　现代住宅的融合

（三）茂名露天矿生态公园

茂名露天矿生态公园原为茂名露天油页岩矿采矿场，位于茂名市区西北角，距离市区红旗北路直线距离约 800 米，规划面积约 10.07 平方千米，北排森林公园规划面积约 6.93 平方千米，选址分别位于茂名石化公司废弃的露天矿采矿场和北排土场，项目总投资约 11.52 亿元。

茂名油页岩露天矿区从 1958 年开矿，1962 年正式投产，经历了 35 年的历程，为国家甩掉"贫油国"帽子、保障能源供给和经济社会发展作出了重要贡献。（参见图 7-84、7-85）然而，由于露天矿开采生态污染大、成本较高等原因，1993 年 1 月停产。停采后的露天矿由于再利用意识不强、政府管理不善，承包转手不断，经营与管理都很混乱，甚至沦为不法企业偷排工业废渣的垃圾场；加上此前生产时遗留的废弃岩渣和开采挖掘排弃的废土，整个矿区及其周边的空气、水体、土壤等生态环境污染

图 7-84　茂名露天矿的开采

图 7-85　茂名露天矿采矿区

严重。同时，由于是露天开采，停止开采后，形成一个长约 5.2 千米、宽 1 千米的矿坑湖。由于这个矿坑是一个没有循环的死水坑，并且也没有做好进水、排水、净化的设施，再加上后期开采高岭土之后洗矿的酸水排放到湖中，导致湖水酸化；矿坑下层的煤炭、铁矿石等在雨水的冲刷下也会流入矿坑、渗入地下，矿坑湖成为"死水湖"，不能饮用，不能灌溉。俯瞰茂名城，近百米深的露天采矿区成为了一道"城市疤痕"。

2013 年 12 月 31 日，茂名露天矿被正式移交茂名市政府，随后茂名市政府开启了"引水、种树、建馆、修路"系统性生态修复工程。先是通过持续引水改善废矿湖的酸性水质，再通过大量种植树木进行矿区复绿工程，大大改善了矿区生态环境。目前，矿湖的库容量已达 1.6 亿立方米，水质达到地表 4 类水标准，可以作为储备水库，解决灌溉防洪等问题。再通过"赏花、观景、戏水、观展"一系列创意，创造出集工业特色糅合山水园林和休闲于一体的大型开放式生态公园，为市民日常休闲活动提供了一个兼具文化、旅游、休闲与度假多功能于一体的好去处。（参见图 7-86、7-87）

图 7-86　茂名露天矿公园沿湖慢车道

图 7-87　茂名露天矿山公园鸟瞰

图 7-88　茂名露天矿博物馆

　　2017 年 12 月，茂名露天矿山公园被国土资源部授予第四批国家矿山公园资格；2018 年 8 月 13 日，露天矿"好心湖"在"茂名十大文化名片"评选活动中入选；2019 年 3 月 26 日，经过多年的建设和紧张的筹备，"茂名露天矿博物馆"（参见图 7-88）正式对公众开放；2019 年 12 月，中央企业工业文化遗产（石油石化行业）名录发布，茂名石化露天矿遗址荣誉在列。

第四节　历史文物类改造开发保护模式

城市工业遗产的类别、形态、特征等是多样化的，它们的存在也不是孤立的，并且往往数量多、分布散。工业遗产的再生利用方式具有多方面的关联性，一方面包括遗产类型、空间特征、建筑风格、机器设备，等等，更重要的是与城市区域、城市经济、城市社会、城市历史、城市性质、城市文明发展水平有着极其密切的内在关联性。每个工业遗产或者每个城市都有其独特的性格，不能把所有城市或者任何工业遗产都套用某一种或几种再生利用模式，还需要研究工业遗产再利用方式与城市发展的内在逻辑，吻合城市发展的客观需求，针对性地提出每一项工业遗产的保护利用方式。

一、历史文物保护单位中的工业遗产

工业遗产在全国重点文物保护单位中的出现早于官方正式关注，并于官方关注后快速发展。1982年，安源路矿工人俱乐部入选第二批全国重点文物保护单位，这应该是全国重点文物保护单位中最早的工业遗产。自2006年后，我国陆续公布第五批、第六批、第七批全国重点文物保护单位，工业遗产数量逐批增加。2006年以后，全国重点文物保护中的工业遗产类型更加多样化，不仅包括历史价值较高的生活型建筑，还包含厂房、设备等涉及工艺流程的生产性建筑及设施。（参见图7-89）

图7-89　安源路矿工人俱乐部

全国重点文物保护单位中的工业遗产是我国工业遗产的一部分，这部分工业遗产既具有工业遗产的特性，又属于历史文物，具有双重属性。因此，历史文物保护单位中的工业遗产重在保护，在保护的前提下进行利用，其利用方式按现状使用功能分为：功能延续、功能置换、闲置三种。

对于具有一定文物价值的工业遗产，应该经过相关的价值评判，尽快升级为文物保护单位或历史文化地段，以从法律、政策、资金加强保护的力度，按照《中华人民共和国文物保护法》《中华人民共和国城乡规划法》等法律法规的规定实施管理，对文物遗产的保护一般采取原地性、真实性和完整性原则，进行不改变原状的必要修缮。历史遗存与其所处的环境是一个完整的整体，不能抛开环境孤立谈论遗产的保护，保护中应确保历史信息的准确与完整。

二、历史文物类工业遗产保护案例

（一）柯拜船坞

柯拜船坞（参见图 7-90）现位于广州黄埔造船厂厂区内，是用创建老板约翰·柯拜（J.J0HVC0VPER）的名字命名的，具体位于广东省广州市黄埔区长洲岛长洲街 188 号。英国人柯拜 1845 年开办的这个船坞，是

图 7-90　柯拜船坞历史照片《羊城晚报》2018 年 5 月 5 日

中国近代造船工业的开端，也是外国资本在中国最早开设的船厂之一。（参见图 7-91）现存的船坞"大石坞遗址"是 1862 年重建的，坞长 167.64 米，坞口宽 24.38 米，深 5.19 米，四周用花岗石砌成，坞两边层叠着一阶阶石阶梯，坞口向着新洲河道，为正北方向。船坞有两道浮门，分内外两区，可同时容纳两艘船入坞，也可以容纳一艘 5000 吨轮船进坞修理。在 19 世纪 60 年代，

曾被称为"当时中国最大的石船坞"。

作为广州最早外资工业企业的柯拜船坞公司，产生了中国最早的产业工人阶级和资本主义的生产关系，因而是研究中国产业工人阶级产生和发展重要的实物资料。柯拜船坞的建设和运营是中国木帆船时代结束和现代船舶修造业开始的标志。从此开始，广州黄埔地区的船舶修造业从手工生产时代进入机器生产时代，这对研究中国船舶制造业发展史具有重大参考价值。20世纪60年代黄埔造船厂开挖地洞和隧道时，将船坞填塞了近四分之一。后来又在坞前修了马路。船坞现在仅剩130.2米，已不能与珠江相通，两道浮闸已拆毁，失去了修船作用。（参见图7-92）

2018年1月27日，柯拜船坞入选由中国科协主办，中国科协创新战略研究院、中国城市规划学会承办的"中国工业遗产保护名录"。目前的柯拜船坞没有进行再利用的改造，依然保留着原始的遗址状态，基本保留着历史信息的准确与完整，这也是历史文物类工业遗产保护的形式之一。（参见图7-93）

图7-91　约翰·柯拜（后排右二）与华工合影（转引自《羊城晚报》2018年5月5日）

图7-92　柯拜船坞花岗石结构

图7-93　柯拜船坞遗址

175

图 7-94　顺德糖厂历史照片

图 7-95　顺德糖厂大门

（二）顺德糖厂

顺德糖厂（参见图 7-94、图 7-95）位于广东省佛山市顺德区大良街道顺峰居委沙头村，是粤系军阀陈济棠主政广州兴办地方实业时所建成的机械化甘蔗糖厂，是中国第一批机械化甘蔗糖厂，我国最早的现代甘蔗制糖工业仅存厂区，我国工业史上珍贵的里程碑式遗产。它见证了中国制糖行业史与广东近代工业发展史，有重要的历史、科学价值。2011 年被评为广东省第三次全国文物普查"十大新发现"之一，2012 年入选"第三次全国文物普查百大新发现"；2013 年 5 月，国家文物局公布其为第七批全国重点文物保护单位；2016 年，为了完整保护、合理利用顺德糖厂这一工业遗产，产权所有者美的置业地产公司委托广东省文物考古研究所及华南理工大学进行文物保护的设计咨询。2018 年 1 月 27 日，顺德糖厂入选"中国工业遗产保护名录"，入选理由：中国第一批机械化甘蔗制糖企业，有"中国甘蔗制糖之父"之称，广东乃至中国制糖业的骨干企业之一；从捷克斯可达公司引进全套制糖设备；首创国内亚磷双浮法炼糖工艺，采用国际食糖质量标准组织生产。①

顺德糖厂现存的早期建筑记录了我国近现代轻工业建筑的设计和施工水平，建筑及构筑物具有简洁明了的现代主义设计风格，空间结构错落组合、

① 中国工业遗产保护名录第一批名单公布，含京张铁路等百个项目，澎湃新闻，2018-01-28。

张弛有度，体现了实用、高效的工业建筑美学思想，是我国近代工业建筑技术的珍贵遗产，为研究我国工业建筑发展提供了实物资料。目前的顺德糖厂尚存压榨车间、制糖车间和成品糖仓库两间四栋早期厂房，以及桔水罐、助晶箱等早期设施。旧厂房建筑为钢框架结构，长 35 米、宽 20 米，共用 32 根工字钢柱，把厂房分成宽 4 开间、长 7 开间，钢柱上有圆头铆钉，大跨度钢桁架上盖铁皮顶。（参见图 7-96、7-97）砌墙红砖长 30 厘米左右，宽 22 厘米左右，空心红砖墙有两款：一种砖面有两行凹槽，上刻水波纹，砖身有"永业砖窑""永""河南小港"等铭文，颇为精致；另一种空心红砖，砖面 7 行凹槽。

顺德糖厂南临荣桂水道，沿江有码头、起重机、煤厂、水厂、原糖车间等与制糖相关的生产设备和建筑，这些工业建筑和设备与厂区内的生产车间以及动力车间的立面共同构成了具有工业特色的滨河天际线。更具有景观标志的是顺德糖厂的三座烟囱以及沿路沿河的标志牌、交通管道和供水管道等明显的地标性特征。同时，顺德糖厂的发展历史承载着顺德产业工人生产生活的共同记忆，作为一个大型综合性股份合作制企业集团，为"顺德制造"的诞生奠定了基础，保留顺德糖业企业文化对于顺德城市文化的延续和顺德精

图 7-96　顺德糖厂厂房建筑

图 7-97　顺德糖厂车间

图 7-98　德胜河水道的沙头渡口　　　　　图 7-99　顺德糖厂大烟囱

神的弘扬具有重要意义。（参见图 7-98、7-99）

　　为更好地保护与活化顺德糖厂的历史建筑和配套设施，改善提升周边生活与生态环境，有效控制和引导其开发，2018 年，顺德市政府委托广东省文物考古研究院编制了《顺德糖厂早期建筑保护规划（2018—2035 年）》。保护规划中将对顺德糖厂及其周围片区进行分类保护，包括历史文化保护类和拆除重建类等为主的城市更新措施，不同性质的区域采取不同的保护与改造措施。顺德糖厂作为全国重点文物保护单位和国家级工业遗产保护单位，它已经具有了特殊的遗产性质和地位，对其保护应更多考虑深入挖掘其文物价值，强调遗产的原真性；在保护与活化中必须坚持保护第一的核心观念，明确其发展历史、生产规模、生产技术、区域影响等核心价值内容。要树立整体保护的概念，保护范围不能仅仅局限于核心生产区，而应该是对糖厂发展壮大过程中所衍生的配套工业、设备及周边生活、娱乐等区域都作为保护对象进行合理利用，从整体性、完整性的角度保护顺德糖厂的厂区环境和历史肌理。（参见图 7-100、7-101）

图 7-100　顺德糖厂北门入口

图 7-101　顺德糖厂图书馆、音乐室

（三）佛山南风古灶

佛山市禅城区南风古灶是佛山市重点保护的工业遗产，1962 年定为市级文物保护单位，1990 年晋级为省级重点文物保护单位，2001 年晋级为全国重点文物保护单位，2019 年 12 月，南风古灶被认定为第三批国家工业遗产，其

179

图 7-102　南风古灶 高灶陶窑　　　　　图 7-103　南风古窑灶

核心物项：南风灶和高灶石湾龙窑主体构筑（包括地基、窑炉炉头、窑室、窑尾、窑棚）。作为国家重点保护文物，佛山南风古灶与同时期龙窑"高灶"均是历代窑改革的定型产物，更是石湾陶瓷生产技术进步的里程碑，具有很高的历史价值、科学价值、社会价值和艺术价值。（参见图 7-102、7-103、7-104）

南风灶始建于明朝正德（1506—1521年）中期，距今500多年，是中国乃至世界现存最古老的柴烧龙窑，窑火不绝，生产不断，得以保存完好，在国内

图 7-104　南风古灶全景鸟瞰

图 7-105 南风灶窑尾古榕

实属罕见，已被载入吉尼斯世界纪录。南风灶依山而建，其身长234.4 米，内长 30.87 米，犹如一条游龙蜿蜒而下，所以民间称之为"龙窑"，石湾本地人又称之为"灶"，由于龙窑的灶口正对南方，且灶尾榕树成荫，凉风习习，故曰"南风灶"。（参见图 7-105）高灶建于明朝万历年间（1573—1619年），距今 400 多年；高灶全长 32米，也是全国重点文物保护单位。高灶的结构和操作方法与南风灶一致，"高灶"的称呼是因为这条窑建在高庙的后面，窑主希望它能承接高庙鼎盛的香火，所以取

图 7-106 南风古灶具有时代特点的遗留烟囱

图 7-107　南风古灶明清沙砖

图 7-108　南风古灶外景

图 7-109　南风古灶景区壁画

名为"高灶"。（参见图 7-106、7-107）

佛山市南风古灶既是国家 AAAA 级旅游景区，也是中国陶谷的核心，组成"一谷十园"载体群，彰显产业和文化特色，向世界展示着陶瓷创新文化的精髓。佛山市禅城区将南风古灶纳入保护性规划，要求佛山市南风古灶的使用单位每月至少要烧一窑，最多不能超过四窑，一年不能少于 12 窑也不能多过 48 窑。而随着一些大型的赛事活动的举行，不同国家和地区的陶艺家来进行创作和研讨活动，促进了石湾与外界、国内与国外之间陶艺文化的交流学习，为陶艺的发展作出了贡献。现有不少来自不同地方的陶艺家租用了南风古灶附近的老房子进行创作，其工作室以南风古灶为核心进行布局。（参见图 7-108、7-109）

第五节　综合（整体）改造与其他开发保护模式

随着城市多元化发展的需求，工业遗产的保护与利用模式也呈现出多元化发展的态势。综合（整体）改造开发利用模式主要是针对具有较大规模的工业遗址地（工业地区和工矿生产地带）所采取的区域一体化整体利用模式，它是将孤立的工业遗产资源与其周边相关的其他非工业遗产资源进行综合性的整合利用，形成具有住宅、文娱、餐饮、办公、购物等综合服务功能的城市中心功能区。这种改造模式，既保留了工业遗产原本的景观特色，也能形成独特的文化标志，振兴老旧工业区活力，重现地块价值，在获得了巨大经济收益的同时也推动地区产业转型，重塑地区竞争力和吸引力，带动经济社会复苏。

工业遗产一般以具体的形式存在，所牵涉的区域面积以及构成等问题相对复杂，在活化再生中很难是一种或几种改造模式所能涵盖的；而且，在当下以及未来的发展中，土地的混合利用已经成为趋势，因此，在工业遗产保护中，必须根据不同等级的工业遗产分类，保持改造利用的灵活性、多样性和适应性，寻求与城市或地区发展相结合的机会。例如，重庆钢铁厂是1890年张之洞创办的汉阳铁厂（参见图7-110、7-111），在抗战时期内迁重庆发展起来的位于重庆大渡河大渡口区长江北岸占地7000余亩，在城市发展退二进三进程中，于2011年完成环保搬迁，遗留下大片完整的用地厂房设备，由于在规划中改造

图 7-110　1907 年的汉阳铁厂全景

图 7-111　汉冶萍铁矿旧址题碑

后新的功能是以商业和居住为主的城市综合组团,因此规划中在经过价值评价的基础上,结合地段和社区发展,而采取了综合性利用方式。轧钢车间改造为重庆市工业博物馆,部分厂房改造为社区公共服务设施、商业文化娱乐等,有些构筑物如储气塔、储气管、铁路线等改造为景观设施,价值较低的厂房建筑予以拆除。

一、岭南工业遗产综合开发模式案例

（一）深圳华侨城创意文化园

深圳华侨城 LOFT 是深圳的重点创意文化项目,也是国内工业遗产集中式开发较早的案例之一,全国首批"国家级文化产业示范园区"。作为深圳经济特区工业建筑的代表,记录了深圳从工业化到后工业化的过程和从劳动密集型到资本密集型产业转型的历史。（参见图 7-112）

作为改革开放的先锋城市及快速城市化地区,深圳较国内其他城市更早

图 7-112　深圳华侨城创意文化园标志

地面对城市空间发展不足、存量空间改造压力巨大的问题。自 2003 年起，深圳市政府开始意识到创意产业及其产业园区在城市专业转型、促进城市面貌转变方面的巨大推动作用，提出了"文化立市"的发展战略。面对产业转移之后遗留下来的工业建筑遗产，深圳市政府的改造原则是：厉行节约、市场运作、弹性改造、分类改造、功能保留，并将工业遗产再生分为功能置换型、工贸混合型和升级改造型等三种类型。其中，功能置换型就是通过调整规划、置换用地、完善管理措施，将原来的工业用地功能置换为具有商业、居住、文卫、绿地、配套基础设施等其他城市功能。华侨城创意文化园项目就是将20 世纪 80 年代园区入驻的"三来一补"工业企业相继撤离东部工业区，并将其功能置换为具有鲜明后工业化风格的新型工作、生活空间，吸引从事相关行业的设计师、先锋艺术家和文化创造与设计的企业进驻，为它们提供一个配套齐全、服务完善的创意工作场所，逐步发展成为拥有艺术展示、传播媒体、艺术家工作室、设计公司以及时装、旅社、家居、餐饮酒吧的混合社区，并积极探索以创意产业为载体的后工业时代空间升级——这恰恰体现出全球旧厂房改造模式在深圳的鲜活实践。（参见图 7-113）

　　项目规划分两期进行改造建设，南区为一期，共由 7 栋两层至多层的旧

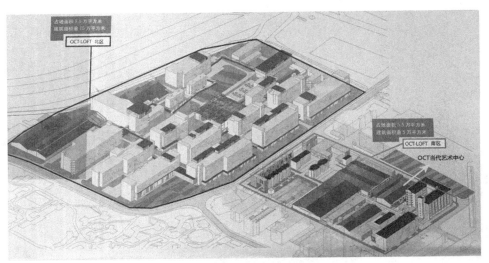

图 7-113　项目整体布局图

厂房建筑组成，依托旧厂房的建筑外形与结构，经过重新的设计改造，主要承载创意产业工作室、画廊、书店、咖啡厅、酒吧等艺术性场所功能，2004年启动改造，2007年正式开园。同年二期（北区）改造开启，北区定位为集"创意、设计、艺术"于一体的文化创意产业基地，17栋多层的旧厂房建筑在设计师的改造下，变成了包含工作室、艺术展厅、商业等功能更为丰富的业态和艺术创作、交易、展示的平台。在南区的基础上，北区加重了商业元素的注入，相关配套也更为完善。（参见图7-114）

华侨城创意文化园是深圳市厂房旧改成效颇为显著的文创园项目，在早期工业建筑改造阶段进行了开创式的尝试，在尊重并保留工业建筑原始风貌（包括原始机器、设备等）的前提下，打造了丰富的工业风个性空间、文化创意及商业空间，特区后期的1980、F518、2013创客园等都借鉴了华侨

图 7-114　建筑前的装置艺术

图 7-115　华侨城园区里的旧设备

图 7-116　华侨城旧厂房的墙绘

城文创园的经验。（参见图 7-115、7-116）

　　"当代艺术、创意设计、先锋音乐"是华侨城创意文化园主打的三大文化特色，为了凸显特色，创意文化园南区先后引进了香港著名设计师高文安、梁景华等人的工作室以及设计创意行业的品牌企业都市实践公司、具有百年历史文化的国际青年旅社、华侨城国际传媒演艺公司、鸿波信息公司的动漫设计基地等约 40 家设计、创意、文化机构。（参见图 7-117）

　　自正式开园以来，共举办公共艺术活动上百余项，内容涵盖了 OCT LOFT 创意节、国际爵士音乐节、T街创意市集、独立动画双年展、国际壁画节、一人一世界设计师交流讲座、举重若轻艺术电影展映、民谣周、舞蹈剧场、电梯改造艺术项目等内容。集中展示了中国文化创意产业最新发展成果，不仅代表深圳文化创意产业的发展水平，而且引领中国乃至全球的艺术先锋观念和艺术人文实践，成为中国大陆最具特色的创意文化园，并逐渐发展成一个有国际影响力的中国创意设计、文化艺术高地。（参见图 7-118）

图 7-117　华侨城园区内积水景观

图 7-118　OCT 当代艺术中心

（二）信义会馆

该项目位于广州市荔湾区芳村大道下市直街 1 号，前身为建于 20 世纪五六十年代的广东水利水电厂，原厂区有 12 栋建筑，总占地 2.5 万平方米，总建筑面积 1.3 万多平方米，2004 年 4 月停产，2005 年末正式更名为信义会馆，2013 年成为广州市第一批重点文化产业园区。（参见图 7-119）

信义会馆跟红专厂不同，是由政府牵头、原业主和商业运营商合作主导开发改造的项目，项目投资约 2.5 亿元，将原来老厂区的旧厂房仓库改造成集艺术博览、商务、旅游、观光文化、娱乐、酒店业等功能于一体的文化商业区。原厂改造立足于整体保护的开发改造策略，形成自主的园区建筑风貌管控，保留了 8 栋厂房，其中 5 号楼和 8 号楼是完全按照原貌复原，其他建筑根据需要对外立面在保留了现代主义风格下，进行了不同程度的修整以保证建筑风格统一（图 7-120）。历史环境和整体风貌也纳入自发的保护和管控中，部分路面用从旧房拆下来的青砖铺设，庭院地面用废旧的枕木铺设；保留了厂区的 83 棵百年榕树。（参见图 7-121、7-122）

图 7-119　原广东水利水电厂改造的信义会馆

图 7-120　信义会馆渔歌晚唱

图 7-121　老青砖铺路

图 7-122　信义会馆保留的老树

　　信义会馆的再利用模式是综合性商业地产，包括多功能展览、商务办公写字楼、酒店式公寓、中西餐厅、文化艺术工作室及相关配套设施等，面向国际会议文化展览、广告传媒、创意设计等企业进行租赁，信义会馆2005年11月18日开馆，是广州最早的工业地再利用项目之一，事实上也实现了广州市政府的预期目标，成为广州工业再利用的示范。（参见图7-123、7-124）

图7-123　信义会馆12栋

图7-124　创意旗杆柱础

（三）广东工美港国际数字创新中心

工美港园区的前身是 20 世纪 50—60 年代建设的集废船拆解、玩具生产、木材加工等于一体的老旧工业厂区，占地面积约 15 万平方米；借助省属国企工艺美术资源，工美港园区倾力打造广东省工艺美术珍品馆（博物馆）、广东省漆艺工作站、广东工美艺博中心、广东工美大师"双创"中心等工艺美术展览平台；先后引入了清华大学美术学院、WE+ 酷窝联合办公、威法高端

图 7-125　工美港标识

图 7-126　工美港文化地图

定制等行业知名机构以及国家、省级工艺美术大师工作室，构筑工艺美术传承与创新集聚区；开展一系列高端工艺美术珍品展览、文化创意作品（产品）发布等活动；集无边界博物馆、大师工作室、艺术设计、创作、文化交流、时尚展览于一体的国际艺术中心，同时重点发展"互联网＋"融合创新产业和总部经济，文化赋能园区"双创"企业集群发展，成为珠江边的湾区文化艺术明珠。（参见图 7-125、7-126、7-127、7-128、7-129）

图 7-127 广东工美艺博中心

图 7-128 广东工美艺博中心办公建筑区

图 7-129 广东工美艺博中心中国   图 7-130 广东工美艺博中心装饰雕塑
化学工程第十一建筑公司办公楼

工美港提供环岛跑道、篮球场、足球场、咖啡厅、私享食堂、健身房等生活配套及博物馆、艺术中心、会议大厅、配套中心、智能车位、摄影基地等商务配套，是传统工艺美术和现代科技创意融汇发展的活力载体，目前入驻企业 110 多家，中小微双创型企业占比 92%，园区从业及创业者平均年龄不到 30 岁，充满创新创业活力。

完成改造的工美港，充分发挥与琶洲人工智能与数字经济试验区、国际金融城、鱼珠港、大学城等科创节点遥相呼应的区位优势，以"科创主导、文化引领、生态优先"的运营理念，与琶洲西区互为补充和延伸，形成双核驱动，初步形成了以数字创意为核心的产业发展体系。（参见图 7-130）

二、其他开发形式案例

工业遗产的活化改造模式多种多样，没有固定的程式，原因在于：一是工业遗产留存下来的物质与非物质形态各不相同，所具备的活化基础与内容不同；二是工业遗产所处的地域城市不同、经济发展不同、文化背景不同，活化与改造的理念不同；三是在以上两个条件的背景下，活化改造的出口与功能就会产生较大的差异性。因此，工业遗产活化研究中的分类仅仅是为了学术研究的需要，而不是固定模式，也不是非此即彼。所以，工业遗产应该因事、因时、因地，灵活而有创造性地进行活化改造。

（一）甘竹滩洪潮发电站

甘竹滩党员教育基地改建于甘竹滩发电站，位于龙江左滩，因甘竹溪流经此处，所以称甘竹滩。昔日甘竹滩"滩石奇耸，声如雷霆，江水、海潮互为吞吐，邑之巨观。"清代康熙、雍正年间，"甘滩雪涛"有顺德八景之一的美誉。（参见图7-131）

甘竹滩水电站的建设有一段坎坷的历史，据顺德档案馆馆藏民国档案资料记载，1934年，陈永涛等一些顺德商人就准备在甘竹滩兴建水电厂，他们筹集了巨款、设计了图纸通过顺德县转交给广东省建设厅审核申报；1948年，国民代表冯湘等提案在甘竹滩建设水电机厂；1958年，顺德县政府也曾经在甘竹滩做过水电站规划，但因为种种原因都没有实施。1970年，顺德县革委会根据"自力更生、大搞小水电"精神，终于落实了甘竹滩水电站的建设计划。1971年1月开工兴建，在条件恶劣、设备落后的情况下，发扬了蚂蚁啃骨头、全民齐动员的精神，万人会战甘竹滩，1974年2月全面完工，1974年

图7-131 甘竹滩白鹭群

5月并网发电，满足了整个顺德70%生活、生产用电的需求，是当时全国发电水头最低的洪潮发电站。甘竹滩水电站是由顺德人民完全自主设计、生产、安装的水利工程，小到螺丝钉，大到发电机组、铣床、水轮机三米叶片都是顺德制造，充分体现了顺德人"敢为天下先"的创新与创造精神，顺德水电局和电站工程指挥部作为主办设计和施工单位，1978年获得"全国科学大奖"，彰显了顺德人党群合力、百折不挠、攻坚克难、敢为人先、勇于创新的精神。（参见图7-132、7-133）

图 7-132　甘竹滩水电站历史照片

图 7-133　以愚公移山的精神建设甘竹滩水电站历史照片

2010 年，因为水电技术的发展以及西江水流量变化等原因，甘竹滩电站已不能满足顺德经济社会发展需要，全面停止了发电，结束了它的历史使命。但对于顺德人民来说，它是一座时代丰碑，记载了顺德人 1200 天的日夜苦干、1.2 万人的风雨兼程、10.2 万立方米的土方搬运，最终将恐怖雪涛化作平湖阔岸，更化作顺德连绵不绝的电力源泉，成为顺德从农业走向工业的巨大支撑。2017 年顺德政府将甘竹滩水电站改建成党员教育基地，水电站区域内建筑、设备、历史资料和生产工具保留完好，这些工业遗迹将激励着顺德的党员干部继续传承和发扬前人的理想信念，立足岗位作奉献，敢于担当善作为，爱岗敬业求进取。同时，通过还原甘竹滩发电站辉煌的历史，深入挖掘顺德水电发展价值，让广大青少年以实地参观的形式，了解甘竹滩发电站兴建过程、流程，普及水利科技知识，无论从文化保育层面还是活化历史、强化教育都具有重要的现实意义。（参见图 7-134、7-135）

自 2018 年起，顺德市龙江镇启动了占地 7.3 万平方米的甘竹滩洪潮发电站公园。截至 2021 年 7 月，园区已建成甘竹滩洪潮发电站历史展示馆、桑园围与龙江水利历史展示馆、顺德中心沟围垦历史展示馆、龙江甘竹艺术展览馆、龙江历史文化展览馆以及甘竹滩广场，并对外开放，逐步形成龙江博物馆之城的建设规划。同时，顺德

图 7-134 甘竹滩水电站工作区

图 7-135 甘竹滩水电站红色教育基地龙江博物馆之城导览图

图 7-136　甘竹滩水电站历史展示馆

图 7-137　阳朔糖厂历史照片（1972 年）

龙江镇委党校也在这里，准备深入挖掘甘竹滩水电站的红色基因与精神资源，把这里打造成顺德红色教育基地，进一步挖掘发电站和中心沟围垦甘竹滩的历史文化和"甘竹滩精神"，使已经没有原始功能的工业建筑遗产结合党建工作教育发挥新的作用，使之继续成为推动顺德高品质发展的强大力量。（参见图 7-136）

（二）阿丽拉·阳朔糖舍

阳朔糖舍的前身是桂林市阳朔县糖厂，位于阳朔县漓江边，糖厂始建于 1969 年，是当时阳朔最大的工业企业之一。在计划经济时代，糖属于紧俏商品，供不应求，糖厂的效益自然水涨船高，但随着经济发展的变化、环境保护等原因，时代渐渐淘汰了老式糖厂，1998 年阳朔糖厂黯然关闭，旧时代的大黑烟囱逐步让位于青山绿水（参见图 7-137）。十年后，在建筑师赵崇新的主持下老糖厂改造工程启动，2017 年在建筑师董功和室内设计师居瑷的共同推动下，联合设计完成了整个项目。

阿丽拉·阳朔糖舍度假酒店在建筑改造中充分保留了老糖厂的韵味和历史痕迹，设计师巧妙地将历史建筑遗产融入现代设计语言之中，实现了历史、

图 7-138　酒店中心景观的下沉步道

图 7-139　糖厂两翼的标准客房与别墅

现代与将来的和谐对话。工业遗产的改造必须体现工业建筑的结构特点和后工业时代的精神风貌，设计师完整保留了糖厂的原始工业建筑、生产设施以及当时用于蔗糖运输的工业桁架遗留物，在保留的同时，也根据功能的需要进行了新建，新建建筑充分考虑了原始建筑的风格以及所处地域特点，完美地将现代建筑融合于历史建筑之中，打造了一个极具现代气息的工业风度假酒店，该项目斩获多项世界级酒店设计类奖项。（参见图 7-138）

在酒店建筑群的场地布局上，老糖厂建筑和工业桁架在布局中占据整个酒店建筑群的中心轴线位置，凸显历史建筑在项目中的核心地位，新建的标准客房楼体与别墅分别位于老糖厂的两翼（参见图 7-139）；新建筑的体量被严格控制低于老厂房，并沿用老糖厂的坡屋顶形式，使新、老建筑在同一个秩序中演进、更迭。景观化的消防水池映射出老厂房的倒影，进一步强调出老糖厂的某种纪念性。

原糖厂一大一小两个锅炉房（参见图7-140）以前是烧煤的，利用蒸汽加热蔗汁，经过设计师的改造，外形保留了建筑的基本特色，室内做了新的设计；大锅炉房现在楼下为多功能厅，楼上是酒店套房；小锅炉房一楼被改造为精品店，二楼为图书馆；收甘蔗的码头改造成了极具工业气息的游泳池，两旁高耸着码头遗留的工业桁架和池边的白色躺椅形成了强烈反差，四周玻璃围栏形成的全开放空间以漓江为背景带来了强烈的景观视觉冲击（图7-141）；面对泳池的压榨车间改造为"1969年酒吧"，其前身原是内部的朗姆酒厂，现则提供以

图 7-140　阳朔糖舍锅炉房

图 7-141　工业桁架围合的泳池与码头

朗姆酒为主题的鸡尾酒饮品；原水泵房则改造为定制餐厅；水疗中心则是用原糖厂储存甘蔗的地窖改造而成，成为一个极富个性特点的独立建筑。（参见图 7-142、7-143）

为了将新建筑融于当地的喀斯特地貌之中，建筑采用了全新的混凝土砌块、竹膜混凝土、青砖等材料，设计师试图在寻找一种新与老之间的契合以及含蓄的连续性，而不是简单的复制与模仿，混凝土"回"字形砌块与当地石块的混砌方式所形成的复合立面材料在材质肌理和垒砌逻辑上与老建筑的

图 7-142　原储藏甘蔗地窖改建的水疗入口

图 7-143　水疗入口空间

青砖保持一致，但当代的构造技术使其呈现出更为灵动、通透的视觉效果，同时提升了建筑的通风、采光性能。新建筑造型简洁，尽量克制，以避免过于外显的表现力对老建筑造成的干扰。从造型设计、空间构成到材料使用以及建筑意向表达都跟当地的地域环境相互呼应，老房子和新建筑之间达成了巧妙的协调，如此才能表现出这个山水环境中的人文色彩；设计者在酒店室内设计中也是煞费苦心地诠释新旧融合的理念，原木材质的家具打造简约时尚的风格，每间客房均配有开放式阳台，可一览秀丽的桂林山水。（参见图7-144、7-145）

图 7-144　从老建筑看向别墅

图 7-145　通透的客房建筑立面

新增建筑建造之初，出于当地的建筑规范要求，新建筑必须保持白墙黑瓦的建筑风格，但为了在设计上更好地融合原工业遗产建筑风格以及与周围地域环境的对话，糖舍设计师极力劝说当地政府主管部门以及甲方，最终按照设计师的理念进行当代建筑的尝试设计。新建筑在光影交织之中，镂空花砖和混凝土巧妙堆砌取代整个世界的繁复，用光与影连接自然万物，勾勒出鲜明轮廓。（参见图 7-146、7-147）

图 7-146　新建别墅前院

图 7-147　客房酒店入口

糖舍酒店的设计师在整个酒店规划设计中，特别重视对工业建筑遗产的保护，强调遗产在城市历史中的记忆留痕和文化脉络的延续，对每一处旧建筑除了尽可能保持原貌之外，都做了历史标牌的标注，留住历史、留住记忆。（参见图 7-148）2021 年 2 月，因政府规划调整，"阿丽拉·阳朔糖舍"停止运营，更名为"阳朔糖舍"，由业主独立运营。

图 7-148　阳朔糖厂老墙面

图 7-149　电影小镇大门入口

图 7-150　电影小镇沿江景观

（三）1978 电影小镇

1978 电影小镇位于广州市增城区增江街沿江东三路 15 号，坐落在增江的东岸，原址为增城糖纸厂，2001 年糖纸厂停产以后基本处于废弃的状态。经过多年的调研、酝酿，2015 年 10 月，这座旧工业建筑区以"1978 文化创意产业园"命名，以青春的姿态重新走进人们的视野。产业园的命名是具有历史意义的，1978 年是中国开始改革开放的一年，也是中国经济大发展的发端，与园区 1978 的年代定位不谋而合，以"1978"命名，是希望打造一个带有记忆性元素的全新文化创意区域。（参见图 7-149、7-150）

1978 文化创意产业园定位为集电影、

演艺、文创、美食、游艇等于一体的电影主题特色小镇。小镇凭借良好的环境、交通、区位、产业和政策优势，涵盖了电影创作、拍摄、投资、后期制作、人才孵化、颁奖典礼等综合性电影产业；规划设计了电影产业孵化中心、后期制作基地、电影文化广场、创星工厂、青年创业工厂、影视体验区、发呆部落、游艇码头、商业配套区等功能分区（参见图 7-151、7-152）。电影小镇是广州（国际）纪录片节金红棉影展官方指定展映点、华语电影传媒大奖、中国国际儿童电影节影视教育培训实践基地及相关产业等先后落地 1978 电影小镇；小镇陆续组织了华语音乐传媒盛典、华语戏剧盛典、华语电影传媒盛典、中国戏曲电影高峰论坛等"国字号"文化节盛事；近 30 部电影在此拍摄，300 余位明星先后到访电影小镇，极大提高了小镇的知名度。

至今，1978 电影小镇荣获"中国乡村旅游创客示范基地""广东人游广东最喜爱特色小镇""广东人游广东首发站——1978'增城记忆'文创小镇""广州市首批特色小镇"等称号。未来，1978 电影小镇将打造成为粤港澳大湾区的电影产业中心。

图 7-151　造纸车间改造的 1978 电影城

图 7-152 加工厂房改造的 1978 办公室

图 7-153 打纸浆车间改造的艺术博物馆

1978 电影小镇项目共规划建设三期：

2021 年 7 月一期已经建成开放，主要是原糖纸厂范畴内的改造，也是电影小镇的主要区域，总建筑面积 7.7 万平方米，占地面积近 10 万平方米，涵盖电影城、艺术博物馆、美术馆、白教堂、温莎堡、喜仕酒吧、游艇码头、B4 剧场、38 号矮房子藏吧、众创空间、柏林创意酒店、时代记忆街区、时代记忆主题展厅、1978 增城地道美食街等标志性建筑（参见图 7-153、7-154、7-155）。一期中原增城糖纸厂的老工业建筑保存相对完好，在改造规划中，通过对糖纸厂旧厂房、旧仓库以及周边的散落民居和旧村庄进行创意性开发和微改造，尽可能保留原建筑的工业特点，包括带有历史感的红砖墙建筑群、高耸的烟囱和锈迹斑驳的废旧机器等，这些老的建筑遗存折射着历史的沧桑，让人缅怀那段激情燃烧的岁月和那种难以言传又无法代替的都市乡愁（参见

图 7-154　卷纸部改造的白教堂

图 7-155　蒸煮车间改造的婚纱体验馆
"温莎堡"

图 7-156　保留下来的老烟囱

图 7-157　工业风十足改造

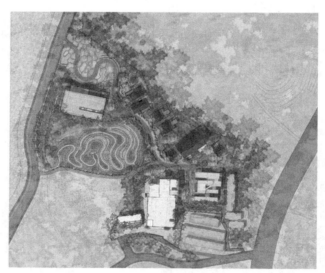

图 7-158　电影小镇二期总平面图

图 7-156）。总体来说，一期建筑风格更倾向于硬朗的工业风改造，但个别建筑改造的力度有点偏大，老建筑原始的建筑风貌体现得不够充分。（参见图7-157）

　　二期设计以"归隐田园"为核心主题，是一期项目向周围山地的推进与延伸（参见图7-158）。二期的设计理念是结合场地空间与地形特征，注重景观场景感的叙述性表达，在蜿蜒而上的灵动空间中融合建筑与自然场景，讲述归隐的故事。设计中尽可能较大程度地保护原场地的地形与植被，并巧妙

图 7-159　电影小镇二期特色民宿

图 7-160　二期云隐会馆天台

地融入丛林、溪涧、花田、乡径、村落等元素，给人以自然放松的体验；在园林建筑、道路等造景中，为了尽可能还原乡野景观的原汁原味，多采用最质朴的本地石、砖、瓦、夯土等古朴材料（参见图 7-159）；在位于山顶的云隐会馆（由原水塔改造）设计中，运用了极简的现代主义设计手法，运用大水面的手法营造如镜的画面感，映照、收纳周边的远山、河流等自然景观，与质朴的田园景观形成一定的对比，结合建筑的文化含义（如合掌），取"菩提无树、明镜非台"的景观意境，把归隐、禅修的主题推向高潮（参见图7-160）。

三期目前属于远景规划，随着华语电影嘉年华、华语音乐传媒盛典、华语戏剧盛典三大 IP 永久落户 1978 电影小镇，规划打造粤港澳大湾区独有的影视基地，涉及电影创作、投资、培训、拍摄、制作、颁奖典礼等电影全产业链。

第八章　信息化时代工业遗产非物质文化形态活化策略

第一节　非物质文化遗产的概念与发展

一、非物质文化概念的提出

非物质文化遗产是一种特殊的、有独特价值的、需要予以重视的一个遗产保护类别，尤其是在工业遗产中。国内外的工业遗产保护主要针对于物质性的工业遗产，而对于工业遗产的非物质文化重视度不够。非物质文化是工业的文化核心，失去了非物质文化的保护，遗存、遗迹保存再完整也只是个空心躯壳没有了灵魂，工业历史也将逐渐淡出人们的记忆，工业技艺也将消失无踪，这是人类工业发展史的重大损失。

"非物质文化遗产"保护的概念最早源自西方发达国家。作为世界遗产保护运动的引领者，西方发达国家在20世纪中期就开始了非物质文化遗产的保护工作。

日本早在1950年颁布的《文化财保护法》中率先明确地将本国的文化遗产划分为："有形文化遗产"（有形文化财）、"无形文化遗产"（无形文化财）、"史迹名胜天然纪念物"（史迹名胜天然纪念物）三类①，从而形成了非物质文化遗产概念的雏形。② 之后的1954年5月，在柳田国男、折口信夫、涉折敬三等民俗学家的努力与推动下，日本文部省又公布了《文化遗产保护法部分

① 引自 http://www.houko.com/00/01/s25/214.HTM。
② 当时日本无形文化遗产的范畴，包括影剧、音乐、工艺技术以及其他在历史以及艺术上价值高的无形的文化事项，与现代非物质遗产的概念接近。在司法颁布之前，日本文化遗产的保护只限于传统建筑、美术、工艺品、名胜古迹及天然纪念物四个方面。《文化财保护法》在上述基础上拓展了保护范围，将无形文化财、地下文物一并列入文化遗产的保护范畴，在全世界文化遗产保护的法律上开了先河。该法共有7章112条，附则18条，共计130条。

修正案》（法律 132 号），把文化遗产分成了"有形文化遗产""无形文化遗产""民俗资料""纪念物"4 类，把"民俗资料"从"有形文化遗产"的类属中分列出来，其定义是"衣食住、生产、信仰、岁时节令等风俗习惯以及相应的服装器具住宅等对理解我国国民生活的变迁不可或缺的事项"。从这个定义看，"民俗资料"包括了有形和无形两部分。因此在日本的遗产保护实践中"无形文化遗产"与"无形民俗文化遗产"的概念结合起来，共同奠定了现代非物质文化遗产的概念范畴。

在世界范围内受日本对无形文化遗产保护和实践影响。韩国在 1961 年颁布了"无形文化财"的保护法；之后非物质文化遗产保护的概念也逐渐得到菲律宾、泰国、美国和法国的响应。

二、我国非物质文化观念的形成与发展

1982 年实行的新中国第一部《中华人民共和国文物保护法》中，我国遗产保护的对象还只局限于"具有历史、艺术、科学价值的文物"，而在 1984 年实行的《中华人民共和国民族区域自治法》中提到"文物以及其他重要历史文化遗产"[①]统一纳入保护对象。法律条文中遗产概念定义的变化说明了随着遗产保护观念的变化，国家正逐渐有意识地拓展遗产保护对象的范畴。

随着 20 世纪 80—90 年代非物质文化遗产概念在世界范围内的提出，我国遗产保护界也逐渐认识到非物质文化遗产在文化遗产中的地位及其传承和保护的特殊性。2000 年施行的《云南省民族民间传统文化保护条例》中，地方性法规率先明确了对"民族民间传统文化"保护的观念[②]。2003 年施行的《贵州省民族民间文化保护条例》中，还提出"保存比较完整的民族民间文化生态区域"的概念[③]。这两部地方性法规标志着我国文化遗产保护从传统的物质文化保护逐渐向物质与非物质双向保护的领域扩展。

国家层面上的非物质遗产保护的发端，是 2004 年 8 月我国加入联合国教科文组织《保护非物质文化遗产公约》，"待 2006 年该条约生效之时，中

---

① 《中华人民共和国民族区域自治法》第三章第 38 条。
② 《云南省民族民间传统文化保护条例》第一章第二条对保护对象和内容进行了详细说明。
③ 《贵州省民族民间文化保护条例》第一章第二条（六）。

国已是该国际公约的首批缔约国之一，并在 2006 年 6 月底举行的联合国《保护非物质文化遗产公约》首次缔约国大会上，当选为'政府间委员会'的委员国"①。国内非物质文化遗产保护真正意义上被纳入国家文化行政体系的标志性文件，是 2005 年国务院办公厅下发的《关于加强我国非物质文化遗产保护的意见》，其中所涉及的一些制度性设计也一直沿用至今。同年 12 月，国务院下发《关于加强文化遗产保护的通知》，将非物质文化遗产保护纳入文化遗产、自然遗产保护的整体框架之中，并作了专章阐述，② 这是非物质文化遗产保护工作兴起之初最具有纲领性的文件。

2011 年 2 月全国人大通过了《中华人民共和国非物质文化遗产法》，从国家法律层面进一步确定了非物质文化遗产保护的对象、原则、方法及政府责任，为非物质文化遗产保护提供了有力保证。

第二节　工业遗产非物质文化形态的概念与价值

一、工业遗产中的非物质文化

《下塔吉尔宪章》虽然偏重于物态工业遗产的保护，但是其对非物质工业遗存的初步描述还是为非物质工业遗存纳入工业遗产保护体系提供了理论依据，同时也为各国工业遗产保护体系的初创奠定了一定基础。

宪章主要在三个方面共四处涉及了非物质工业遗存保护。第一是对非物质工业遗存重要性的肯定，在导言中强调，"曾经使用过的生产流程以及所有其他有形和无形的显示物都意义重大"；第二是对非物质工业遗存保护对象的初步描述，在第一部分"工业遗产定义"中提到，"工业考古学是一门研究所有证据的交叉学科，这些证据既包括物质证据，也包括文档资料之类的非物质证据"。在第五部分"维护和保存"中指出，"包含于许多古老或者是陈旧的工业流程中的人类技能是特别重要的资源，其损失将是不可挽回的，这种

① 周星：《非物质文化遗产与中国的文化政策》，见《乡土生活的逻辑：人类学视野中的民俗研究》，349 页，北京，北京大学出版社，2011。
② 《国务院关于加强文化遗产保护的通知》（第四章），载《青海政报》，2006（1）。

技能需要认真记录并且传播给年轻的子孙后代";第三是对非物质工业遗存价值的认可,在第二部分"工业遗产价值"中提到,"工业遗产的价值还存在于无形的工业记录中,这容纳于人类的记忆和风俗习惯中"。[1]

在该宪章指导思想的影响下,2006 年我国颁布了《无锡建议》。它是中国工业遗产保护的权威文件,其中指出对工艺流程、数据记录、企业档案等非物质文化遗存一并予以保护。《无锡建议》承续了《下塔吉尔宪章》保护非物质工业遗存的思想,为工业遗产保护体系研究的纵深化发展打下基础。2009 年北京颁布了《北京市工业遗产保护与再利用工作导则》,其中也提到要保护生产工艺流程、手工技能、原料配方等非物质遗产。[2]

综上,工业遗产的非物质性应具有以下两个特点:第一,工业遗产本身属于自然和文化双遗产,探讨工业遗产的非物质文化应建立在工业遗产特性上,比如工业遗产特有的机械化、程式化、批量化、智能化、模式化、精密化等;第二,工业遗产的非物质文化,具有与文化对应的物质对象或物质载体,不可超越物质也不可离开物质。同时也要看到物质对非物质的需求,芒福德在《技术与文明》中提到,人所使用的工具和器皿总体来说都是他自身机能的延伸,没有独立存在的价值。

我国非物质工业遗产有以下三个赋存特征:第一,我国非物质工业遗产数量大、类型多,集中分布在工艺品制造、饮料食品农副产品制造以及纺织印染工业领域;第二,我国非物质工业遗产以农耕时代的工业技艺技能为主,年代久远,虽然受到一定保护,但是文化生态环境脆弱,保护难度较大;第三,我国非物质工业遗产高度表现了中国文化的特色性、民族性及先进性,立足于世界一体化的文化语境,这部分遗产的保护是未来提升我国文化竞争力、影响力的重要手段。

二、非物质工业遗产的价值

(一)工业历史价值

非物质文化遗产是在特定历史时期和地理环境下产生的,并随着人类传承至今,历经沧桑。这样的形成和传承方式注定了非物质文化的多元性和多变性。

---

[1] The Nizhny Tagil Charter for the Industrial Heritage, 2003.

[2] 《北京市工业遗产保护与再利用工作导则》,引自 https://www.docin.com/p-1523083040.html.

非物质文化的存在承载厚重的历史文化，这些非物质文化以物质作为载体来体现文化传统的变迁、历史的演变及工业的发展，有着不可忽视的重要价值。

（二）工业美学价值

非物质文化遗产的最大特征是能体现一定时期一个群体的文化变迁和精神特质。工业遗产中物质的遗存和遗址则是非物质文化遗产的精神依托。无论是建筑或是景观、工具或者机器，这些都体现着当时工人的审美和工艺，是一种综合艺术、工业艺术及造型艺术，无不是由特定历史时期工人的审美情趣、生活风貌以及艺术创造力所积淀形成的，具有极高的艺术水平和审美价值。

（三）工业科学价值

非物质文化遗产中保留着工业遗产的生产技术、生产过程、管理体系的机理以及成因，均含有相当程度的科学因素和成分，具有很高的科学价值，同时也为我们提供了历史与学术价值，甚至更高层次的道德与行为规范等。深刻而科学地认识工业文化的本源、形成与发展是工业遗产保护的核心价值。

（四）工业经济价值

非物质文化遗产作为工业文化的表现形式反映了一定时期社会、政治、经济以及军事等发展状态。联合国教科文组织主张在遗产不受到破坏的前提下，可以通过市场运作进入市场，完成对遗产的活态保护及潜能开发，最终实现文化保护和经济开发的良性循环运作。

三、工业遗产非物质文化成分构成

根据 2003 年 10 月联合国教科文组织第 32 届大会通过的《保护非物质文化遗产公约》定义："非物质文化分类为：口头传统和表述；表演艺术；社会风俗、礼仪、节庆；有关自然界和宇宙的知识和实践；传统的手工艺技能。"[1]

---

[1] 文化部对外文化联络局编：《联合国教科文组织〈保护非物质文化遗产公约〉基础文件汇编》，北京，外文出版社，2012。

根据工业遗产本身特性对其进行的非物质文化分类如下：

（一）原生级工业非物质文化

原生级工业非物质文化是工业文化的物质层级，物质属性是必须属性，以独立的物质性存在，包括：车间、作坊、码头、仓库、管理办公用房等不可移动文物；机械、设备、工具、器具、办公用具、生活用品等可移动文物；商号商标、招牌字号、产品样品、契约合同、手稿手札、票证簿册、图书资料、照片拓片、音像制品等涉及企业历史的记录档案。在缺少非物质性时，可以通过物质性的资料来了解其非物质属性。

（二）次级工业非物质文化

次级工业非物质文化是工业文化的非物质层级，部分以物质为载体，但重点体现非物质文化，非物质属性是必须属性。其中包含工业进程中的重要人物、历史事件、文学、口头传说、工业风俗、工业节庆等。在缺少物质属性时，可以通过非物质文化的传递来制造或者再现物质属性。

（三）辅助级工业非物质文化

辅助级工业非物质文化是物质与非物质相互转化、互相协助的互化层级，缺少任何一个属性都无法存在，比如工艺流程、生产技能、表演艺术等。无论缺少机器或是工人，该项流程或者技能都不能完成。

四、非物质文化保护数字设计特性

（一）数字信息化

对于工业遗产的物质表现可以利用数字设计将其数字化三维重建，建立高精度、工程化的三维数字模型，不仅可以为工业遗产中的建筑、景观等文物修复提供精细、准确的工程基础数据；减少人们对遗产本身的直接接触，增加人们对遗产细节的了解；此外，建筑遗迹原貌的虚拟恢复可以动态模拟其从古至今的演变过程，为考古研究和旅游提供更加生动的信息表达方式。

并且对于动态的、以人为载体的非物质文化，比如工业技艺、管理流程等，数字化的表达形式能更好地模拟整个演进的方式，更直观生动地展示整个流程，辅助以增强现实技术，将更好地使人们与非物质文化互动起来，做到真正的活态保护。

（二）数字管理化

工业遗产非物质文化保护应用虚拟现实技术，对工业遗产的文物保护、历史研究、景点规划与管理以及旅游促销等具有重要意义。

工业遗产研究：不同时期工业遗产中的历史建筑代表着不同地区、不同时代的建筑文化与风格，不同地区人们的审美标准和工艺技术水平也通过建筑和景观的形式与结构反映出来。

文物保护：通过影像数据采集手段将文物实体建立起三维实物或模型数据库，运用数字化手段和形式保存文物原始数据和空间关系等重要资源，实现完整、细致、动态地展示文物，从而使文物能够脱离实物、地域的限制，实现资源共享，真正成为全人类可以"拥有"的文化遗产。

景点规划与管理：景区规划与建设的展示、宣传以及形象提升，可以运用虚拟现实系统进行动态演示，能够将景区的过去、现在、将来的历史与规划过程很直观地展现出来，为领导决策提供技术支持与服务。

旅游促销：利用虚拟技术展示旅游景区能够突破时空限制，随着时间流线和地形动线，大范围将景区景色生动、形象地展示给游人，虚拟观览景区风光，吸引游人、宣传景区、扩大影响，促进旅游量增长。

非物质文化作为一种独具特色的工业文化载体，承载着工业的活态文化，保留了最浓缩的工业演进、地域特色和历史特色。我们能从非物质文化遗产中了解特定历史阶段中的生产水平、生产技术以及工业文化等，以及工人的生活方式、生存模式、心理建构及其审美观念等。对工业遗产保护来说，是保护的拓展，是体系的完善，是灵魂的重现，更是未来的趋势。

第三节 信息化时代下工业建筑遗产非物质文化 形态活化体系建构

一、信息化时代下非物质文化的存在意义

中国是一个有着数千年文明历史和丰富非物质文化遗产的国家，在现阶段，由于"信息化"技术在社会发展中的普遍化、数字化和虚拟化经济的出现使长期稳定的遗产保护制度发生了变化。曾经存在的非物质文化遗产的农业时代经济和文化土地正在消失，民族流行文化失去了经济市场，继承人失去了生活来源，现代数字和媒体娱乐流行文化得到了发展，非物质文化遗产的保护与传承受到重大影响。

在非物质文化形态激活系统构建的研究中，许多相关研究取得了良好的成果。例如，一些研究人员解释了"活态文化"的概念，并认为人们的生活文化资源不是孤立和简单的，而是一种表面艺术形式，是一种反映生存需要和时间顺序的生存行为，是通过全部活动复制出来的生存问题。非物质文化遗产是一个活泼的、不可忽略的、可感知的、自然的、真实的过程，用于实现现在与过去之间的相互交流。并且还强调，大众文化包含静态文化和活态文化，非物质文化遗产是由继承人代代相传的，会随着人们的消失而消失，一旦消失就将很难再复制，因此，非物质文化遗产的保护变得非常重要。

二、非物质文化活态保护的要素

（一）"非遗"的承载者

"人"元素在非物质文化遗产保护中具有主导地位。人类是所有活动的核心，也是保护非物质文化遗产时必须考虑的关键点。在非遗的保护中，"个人"的要素包括两个内容和一个桥梁：一是继承人，二是接受者，是连接继

承人和接受者的桥梁；非遗传承包括可行的非物质遗产产品和其中的无形部分，例如思想、经验、技能和继承体系等概念，这三个都是非物质文化遗产的生命载体，任何一个的消失都意味着非物质文化遗产无法传播。非物质文化遗产是继承人传承的口口相传，对非遗传承人的保护已成为非物质文化遗产生存保护的关键。接受者将在使用和评估期间创建个人意见和评论，并反馈给继承人，继承人可以根据接受者的需求进行适当的改进和创新。

（二）生存空间和承续时间

所谓空间是指可能存在非物质文化遗产的场景和环境。在农业时代，非物质文化遗产城市的范围大致是非遗传承的范围，也就是说，从非物质文化遗产的生产者到非物质文化遗产的使用者，从邻里到城市，这是非遗传承的路径。过去，我们谈论的生存场景仅限于非物质文化遗产所在地的村庄和社区，但是在当今社会，当我们谈论非物质文化遗产时，我们还必须考虑旅游区和商业区。这些领域包含从生产到消费的非物质文化遗产的完整过程：继承人的生产行为，接受或宣传的行为，将继承人与接受者联系起来的沟通过程等。这些领域是非物质文化遗产的背景和基础。在适应和习惯领域，非物质文化遗产可以融入人们的生活，恢复生活本身，实现可持续发展。一旦非物质文化遗产离开了适当的生存场所，它将与生存所依赖的机制（从生存状态到静止状态）分离开来，生命进程也将处于危险之中。因此，活态保护必须使非物质文化遗产在生活领域中发挥特定作用，并激活非物质文化遗产及其生存领域，以使非物质文化遗产能够存在并继续存在。

三、非物质文化形态活化体系建构

（一）创建口述历史和数据库

对于非物质文化，首要任务是进行田野考察和研究，专家和研究人员深入非遗传承地区，通过直接观察和访谈获得第一手研究资料。现场研究不仅为识别非物质文化提供了基础，而且单独获得的数据是宝贵的文化宝藏。人类学研究的重点是与研究对象面对面接触以获得第一手信息，通常称为"方向性"。非物质文化是通过"口头传播和个人教授"传播的。直到今天，我国的大众文化得以发展，口语教学方式起着决定性的作用。如前所述，中国古代的文化技巧、民俗风情、神话传说等通过口口相传，最终形成了一种文化形式。在没有现代文化记录手段的情况下，中国古代文化通过口头传播已经传播到了今天。数据记载特别是记录和组织口述历史变得更为紧迫，我们现在要做的不仅是记录问题，而且要完善想法并深入了解口述历史，更深入地思考，以便我们获得关于非物质文化的真实、完整的第一手研究材料。

（二）保留原始工业空间形态和置入优质公共资源

对于处于废弃状态的工业遗产而言，除了建筑厂房与其他构筑物，完整的生产线、生产资料、基地配套设施等其他物质与非物质的内容更能够反映工业企业的运行与生产流程、企业文化与生活记忆。对工业遗产的改造如果只注重其建筑实体的保护与利用，而不关注历史记忆与情感寄托的非物质文化内容保护，这就背离了工业遗产整体保护原则。工业遗产保护需要有可持续意识，要注重保护和发展原有的工业体系，灵活地、创造性地利用原有的建筑构筑物、设施与设备、工业生产线等，根据工业遗产的形态、类别、地域以及遗存特点，通过丰富多彩的保护形式去全方位保护与展示工业建筑遗产，使城市居民与产业工人能重拾生活记忆、产生情感共鸣。同时，利用工业遗产多处于老城区的区位优势，调整城区内珍贵的土地资源功能，进行土地的综合利用或功能置换，释放工业遗产新的商业价值，创造出新的城市经济增长点和更优美的居民生活公共空间。

（三）加强宣传活动，提高传承与保护意识

非物质文化是所有公民的民族和文化财产。因此，非物质文化的保护和传承不仅是政府服务的基本职责，也是全体公民的义务，文化的保护和遗产需要所有人的参与。当前，非物质文化遗产的首要任务是提高人们对遗产和全民保护的意识。

1. 发挥新闻媒体的舆论宣传作用，增强民众的传承保护意识

在非物质文化遗产的广泛宣传中，充分发挥报纸和杂志以及其他媒体和网络的作用。正确的媒体传输一方面可以最大程度地节省资源，另一方面可

以实现快速的传输速度，特别是在现代数字时代，人类依靠不同的媒体来获取各种信息；媒体、学校、报纸和电视台应播放非物质文化视频节目，或组织学生进行非物质文化访问，以提高学生对非物质文化的认识或创建非物质文化场所。在开放的网络环境中，创建在线讨论、在线问答、在线公告等，使人们可以更充分地了解、保护具有地方特色的非物质文化的重要性以及必要性，从而为保护非物质文化创造良好的社会氛围。

2. 注重科技与非物质文化的融合，增强非物质文化的创新意识

所谓非物质文化遗产创新，是指非物质文化能够适应日新月异的客观生活环境，不断适应现实环境的变化，从而产生创造性的转化和生命力。在我们的现实生活中，创新是非物质文化遗产可持续发展的生命之源。遗产的主体不仅必须继承它，而且还必须通过不断地变化和创新，使非物质文化能够在现代社会中传承应用得更好。由于许多非物质文化遗产限于历史文化的局限而不适应现代社会的需求和审美，并成为博物馆中的静态样本，因此，我们必须鼓励遗产继承人积极面对现代市场和人们的现实需求，提高自身的审美修养，根据市场需求利用现代科学技术成果，创新其已掌握的独特技能，并积极发现其市场价值创造更多更好的产品。

第九章　结　语

岭南地区从地域上讲，包括广东、广西、海南（1988 年以前属广东管辖）以及香港、澳门等地区，这些地区在历史上都曾有过重要的工业发展历史，尤其是近代以来，以广东的工业遗产最为丰富；广西工业主要在抗战期间发展起来，解放后的发展尤其迅速；海南近代工业则以三线工业为主；港澳地区由于历史原因，其工业发展主要体现在 19 世纪具有殖民性质的工业体系。

近代中国，民生艰难、内忧外患；鸦片战争后，面对西方世界的强权，为了了解西方，探索强国富民之路，以广东容闳、冯如、詹天佑、邹伯奇等为代表的科技先驱者们图强奋发、筚路蓝缕，在科技启蒙的道路上穷则思变、师夷长技，以自强对抗西洋，积极将西方近代各种先进的学术、技术上的新思想和新成果带入中国，使近代南粤成为了当时全国先进思想以及科学技术的发源地，极大地促进了科学技术在广东的发展，促使一批近代产业在广东出现，开风气之先也创当时中国诸多之最，给南粤大地留下了众多的工业遗产。

中国工业历经百年蜕变，正逐步从中国制造向中国智造转变，取得了翻天覆地、举世瞩目的成就。尤其是岭南地区的粤港澳大湾区是国家建设世界级城市群和参与全球竞争的重要空间载体，区域内的重要城市在不同的历史时期，都有重要的工业基础，保留着相当数量的工业遗产建筑，但随着城市化进程的快速推进和经济转型，大量的工业遗产建筑遭到破坏。近些年，人们逐渐意识到建筑文化遗产的社会与历史价值、经济价值，不断出台相关的保护措施，也出现了一些优秀的保护利用的范例，但整体上依然不容乐观。

工业遗产的再生与活化是涉及城市更新、遗产保护、建筑设计等领域的综合项目，其所包含的再生利用价值和经济价值是区别于其他文化遗产的重要特征。利用国家经济产业转型的契机，结合城市再生、工业土地置换或功能更新以及遗产保护政策，完善城市空间、功能、环境和历史文化建设，探索工业遗产保护与活化和城市系统的共生与共融关系，这对城市历史文化遗产保护、城市经济建设和城市可持续健康发展都具有重要意义。然而，城市工业遗产并不是孤立的，其数量多、分布散，再利用方式一方面与工业遗产的类型和空间特征相关，更重要的是与城市性质、城市社会经济发展水平以及工业遗存的区位优势等有着特定的内在关联性。

当下工业遗产建筑的研究在整体性原则和真实性原则的基础上，逐渐向可持续原则和创造性原则的方向深化，一方面顾及工业遗产建筑的延续性保护，一方面创造性地延展原有建筑遗产的空间利用价值；国际上对工业遗产建筑公认的成功经验是：只有合理利用，才能达到真正意义的保护。

参考文献

［1］广东省地方史志编纂委员会．广东省志——军事志．广州：广东人民出版社，1999．

［2］张博颖，徐恒醇．中国技术美学之诞生．合肥：安徽教育出版社，2000．

［3］［法］莫里斯·赫尔瓦赫，哈尔瓦赫，毕然，等．论集体记忆．上海：上海人民出版社，2002．

［4］刘先觉，陈泽成．澳门建筑文化遗产．南京：东南大学出版社，2005．

［5］周霞．广州城市形态演进．北京：中国建筑工业出版社，2005：45—51．

［6］刘会远，李蕾蕾．德国工业旅游与工业遗产保护．商务印书馆，2007．

［7］联合国教科文组织世界遗产中心，等．国际文化遗产保护文件选编．北京：文物出版社，2007．

［8］国土资源部地质环境司．中国国家矿山公园建设工作指南．北京：中国大地出版社，2007．

［9］王建国，等．后工业时代产业建筑遗产保护更新．北京：中国建筑工业出版社，2008．

［10］白青锋，等．寻访中国工业遗产．北京：中国工人出版社，2008．

［11］刘伯英，冯钟平．中国工业用地更新与工业遗产保护．北京：中国建筑工业出版社，2009．

［12］聂武钢，孟佳．工业遗产与法律保护．北京：人民法院出版社，2009．

［13］周卫．历史建筑保护与再利用——新旧空间关联理论及模式研究．北京：中国建筑工业出版社，2009．

［14］国家文物局．中国文化遗产事业法规文件汇编（1949—2009）：下

册.北京：文物出版社，2009.

［15］徐延平，徐龙梅.南京工业遗产.南京：南京出版社，2012.

［16］［法］扎维耶·德·马萨利，乔治·科斯特.法国文化遗产普查的原则、方法和实施.国家文物局第一次全国移动文物普查办公室编译，南京：译林出版社，2013.

［17］张京城，刘利永，刘光宇.工业遗产的保护与利用——"创意经济时代"的视角.北京：北京大学出版社，2013.

［18］宋颖.上海工业遗产的保护与再利用研究.上海：复旦大学出版社，2014.

［19］韦锋.在历史中重构：工业建筑遗产保护更新理论与实践.北京：化学工业出版社，2014.

［20］［德］扬·阿斯曼.文化记忆.金寿福，黄晓晨，译.北京：北京大学出版社，2015.

［21］蒋楠，王建国.近现代建筑遗产保护与再利用综合评价.南京：东南大学出版社，2016.

［22］刘扶英.工业遗产保护——筒仓活化与再生.北京：中国建筑工业出版社，2017.

［23］刘伯英.中国工业遗产调查、研究与保护.北京：清华大学出版社，2017.

［24］杨震宇，李笑寒.后工业景观：工业遗址改造中的景观设计研究.北京：世界图书出版公司，2017.

［25］彭南生，严鹏.工业遗产：理论与实践.北京：社会科学文献出版社，2017.

［26］范晓君.双重属性视角下的工业地遗产化研究.沈阳：辽宁人民出版社，2017.

［27］尚海永.新型城镇化工业遗产保护与再利用.北京：社会科学文献出版社，2019.

［28］张振鹏."文化创意＋"农业融合发展.北京：知识产权出版社，2019.

［29］吕建昌.当代工业遗产保护与利用研究：聚焦三线建设工业遗产.上

海：复旦大学出版社，2020.

［30］王连.生态视角下的工业建筑遗产保护研究.长春：东北师范大学出版社，2020.

［31］贾超，王梦寒.广州工业建筑遗产研究.广州：华南理工大学出版社，2020.

［32］广东省档案馆藏档.关于执行《关于调整我省国防工业管理体制的通知》的情况报告.档号：505-A1.2-3-1.

［33］广东省档案馆藏档.报送第一个三年小三线计划执行情况和一九六九年计划安排意见.档号：229-4-7-001 ～ 004.

［34］广东省档案馆藏档.关于下达1969年小三线工程建设计划的通知.档号：229-4-36-012 ～ 014.

［35］广东省人民政府.关于推进"三旧"改造促进节约集约用地的若干意见.广东省人民政府，2009.78 号。

［36］广州市政府.广州市历史建筑和历史风貌区保护办法［EB/OL］.（2013-12-24）［2015—0212］. http://www.gz.gov.cn/gzgov/s8263/201312/2578548.shtml.

［37］工业遗产之下塔吉尔宪章（TICCIH，Nizhny Tagil Charter for the Industrial Heritage）.建筑创作，2006（8）

［38］无锡建议——注重经济高速发展时期的工业遗产保护.建筑创作，2006（8）

［39］陆少明."物 - 场 - 事"：城市更新中码头遗产的保护再生框架研究.规划师，2010（9）.

［40］拜盖宇，张国俊.信义会馆——从工业遗产到创意产业园的探索实践.华中建筑，2010（11）

［41］马航，祝侃.与创意产业结合的珠三角地区旧工业区再利用研究.华中建筑，2010（12）

［42］何军，刘丽华.工业遗产保护体系构建——从登录我国非物质文化遗产名录的传统工业遗产谈起.城市发展研究，2010（8）.

［43］李敏杰，张堃.虚拟现实技术在建筑行业中的应用.现代计算机（专业版），2011（5）.

［44］王永仪，魏衡，魏清泉．转型期东莞市工业用地变化及调整优化研究．规划师，2011（4）

［45］张健，隋倩婧，吕元．工业遗产价值标准及适宜性再利用模式初探．建筑学报，2011（S1）

［46］解学芳，黄昌勇．国际工业遗产保护模式及与创意产业的互动关系．同济大学学报（社会科学版），2011（1）

［47］李爱芳，叶俊丰，孙颖．国内外工业遗产管理体制的比较研究．工业建筑，2011.

［48］钟韵，刘东东．文化创意产业集聚区效益的定性分析——以广州市为例．城市问题，2012（9）：95.

［49］范建红．基于创意产业的工业建筑遗产保护与复兴．工业建筑，2012（10）

［50］吕建昌．近代工业遗产博物馆的特点与内涵．东南文化，2012（1）.

［51］王雷，赵少军．浅谈工业遗产的保护再利用——以中国工业博物馆为例．中国博物馆，2013（3）.

［52］谢涤湘，陈惠琪，邓雅雯，工业遗产再利用背景下的文化创意产业园规划研究．工业建筑，2013（3）.

［53］刘辉，刘华东．广州工业遗产的价值认定与保护制度．城市建筑，2015（4）.

［54］杨汉卿，梁向阳．20世纪六七十年代的小三线建设．红广角，2015（7）

［55］许哲源．经济新常态下的工业遗产保护与再利用∥新常态：传承与变革——2015中国城市规划年会论文集，2015.

［56］董旭，张健．旧工业建筑遗产再利用为创意产业园的空间形态研究．华中建筑，2015（8）.

［57］范晓君，徐红罡．建构主义视角下工业遗产的功能置换和意义诠释——广州红专厂的案例研究．人文地理，2015（5）.

［58］曾锐，于立，李早，叶茂盛．国外工业遗产保护再利用的现状和启示．工业建筑，2016（2）.

［59］贾超，郑力鹏．广州工业建筑遗产之岭南特色．南方建筑，2016

（2）.

［60］朱彩云.韶关小三线建设述评.红广角，2016（9）.

［61］黎启国，童乔慧，郑伯红.工矿遗产的概念及其分类体系研究.城市规划，2017，41（1）.

后　记

　　作为江苏人来到广州已经三年了，在广州生活、工作的三年即是与新冠病毒斗争的三年，除了领略到南粤大地同仇敌忾、团结一心的抗疫精神之外，也始终关注着自己研究的专业方向。江苏与广东无论是地域气候还是人文背景等都有着巨大的差异性，表现在建筑遗产上的风格差异性更为明显，这引起了我们浓厚的兴趣。工业遗产的一个重要组成部分就是工业建筑，属于建筑遗产的一个大类，发端于近代工业革命，是最能体现近代城市工业与经济文化发展脉络和城市肌理变迁的建筑遗产。由于在江苏工作时比较关注工业遗产的研究，到广州后也十分关注作为一线发达城市在城市更新的背景下如何保护和活化工业遗产。

　　岭南地区地域广阔，工业发展历史悠久，工业遗产有着深厚的文化积淀，也有显著的特点。通过文献研究和实地调研可以发现，很多专家学者对岭南工业遗产从各个角度进行了较为深入的研究，取得了丰硕成果，也进行了大量的工业遗产活化实践探索；但这些研究成果一般限于对某一城市或某一工业遗产进行的个案研究，很少对岭南这个大的区域范围内的工业遗产进行系统研究和归纳，缺少一个整体的研究架构。鉴于此，这本小书侧重于对岭南地区工业遗产进行相对系统的地理分布、生存现状和保护活化案例的考察与学术梳理，探讨了工业遗产价值与评价体系以及保护体系的建构原则；通过研究，希望能初步建立岭南地区工业遗产研究的基本框架，抛砖引玉，为后来的研究者提供一个研究基础和基本范式。为此，三年中利用大量的业余时间对岭南地区的工业遗产进行了力所能及的考察与研究，之所以说是"力所能及"，主要是因为在疫情的防控要求下，出行并不是一件简单的事，只能利用疫情缓解的间隙见缝插针进行田野考察，所以在成书的过程中也参考了大量学界前辈、学术专家们的研究资料和成果，包括一些历史资料和建筑图片等，在此表示真诚的感谢！

学术研究的初衷总是有所期待，但结果往往会有遗憾，由于水平所限以及时间和疫情影响，本书的研究在田野考察广度和学理研究深度上还有待于完善，期待各位专家批评指正。

感谢民族出版社对本书出版的大力支持！

杜鹏　王倩倩

2022 年 4 月"世界读书日"于广州见山书房